ID视界
专注室内设计图书

U0563953

理想·宅 编

家居空间色彩解读

卧室 书房

中国电力出版社
CHINA ELECTRIC POWER PRESS

内 容 提 要

在所有装修家居空间的手段中，色彩设计是最直观、最有效的一种，色彩不仅能够美化居室，还能够改变人的心情，让人们对家有归属感，这是其他设计手段达不到的。本书将家居卧室空间的色彩设计作为主要内容，从色彩设计的基础知识开始进行解读，共分为四个章节，不做空泛的理论讲解，而是将具有代表性的图片与文字和色块图标结合起来，以更直观的版式面对读者，不仅适合刚刚入行的专业人士，也适合对色彩设计有兴趣的业主和其他非专业人士，是非常有参考价值的书籍。

图书在版编目（CIP）数据

家居空间色彩解读．卧室　书房／理想·宅编．—北京：中国电力出版社，2017.8

ISBN 978-7-5198-0821-1

Ⅰ.①家…　Ⅱ.①理…　Ⅲ.①住宅－卧室－室内装饰设计－装饰色彩 ②住宅－书房－室内装饰设计－装饰色彩　Ⅳ.①TU241

中国版本图书馆CIP数据核字（2017）第132698号

出版发行：中国电力出版社
地　　址：北京市东城区北京站西街19号（邮政编码100005）
网　　址：http://www.cepp.sgcc.com.cn
责任编辑：曹　巍　乐　苑（010－63412380）
责任校对：王开云
装帧设计：王红柳
责任印制：单　玲

印　　刷：北京盛通印刷股份有限公司
版　　次：2017年8月第一版
印　　次：2017年8月第一次印刷
开　　本：710毫米×1000毫米　16开本
印　　张：10
字　　数：200千字
定　　价：58.00元

前言

PREFACE

对新居进行装饰装修，是当代人必做的一件事情，不论经济型还是豪华型，都要为家做个“美容”再入住。以前四面白墙的简单居所已经很少见到，而居室设计也给予人们诸多的回馈，不仅让家居更美观也让生活更便利。在所有的装饰手段中，色彩设计是最直观、影响力最大的一种，设计师会为此投入更多的精力，无论简单的居室还是华美的居室，色彩设计都是一件专业性、复杂性的工作，甚至成为了单独的职业。恰当的色彩设计能够使人们在家中感受到或自由个性，或温馨舒适的氛围，能够让人们具有归属感，这也是设计师或专业人员对色彩设计如此关注的原因。

对居室色彩进行设计首先需要了解色彩设计的原理，而后结合千变万化的家居户型，做出恰当的选择，用色彩丰富家居表情、提高品质感，并掩盖原有户型的不足；除此之外，还应能与居住者的年龄、性格、喜好联系起来，使色彩设计服务于人，让居住者感受到美的意境，这就是本丛书的编写出发点。

本书由“理想·宅（Ideal Home）”倾力打造，以家居空间细部的色彩设计作为主要内容，以家居配色的基础、对不完美色彩设计的修正方法、色彩与卧室风格、精选案例解析为思路，搭配具有代表性的图片及带有专业色标的色块，全面地解读家居卧室的色彩设计。以实用性为编写宗旨，不讲解空泛的理论，而是将分析和总结以最直观、最简洁的方式呈现出来，搭配轻松的阅读版式，使其不仅适用于计划进行家装的业主，也适用于刚入行的专业设计人员。

参与本书编写的有杨柳、赵利平、黄肖、邓毅丰、孙淼、武宏达、董菲、杨茜、赵凡、刘向宇、王广洋、邓丽娜、安平、马禾午、谢永亮、张娟、朱超、赵芳节、王伟、王力宇、赵莉娟、杨志永、叶欣、张建、张亮、赵强、郑君、叶萍等人。

目录 CONTENTS

Chapter 4

实景案例
——呈现难以抵挡的“视觉诱惑”

- 分清四角色轻松塑造别样卧室氛围
- 不同色系彰显居者独特个性
- 色相型决定私密空间的开放与闭锁
- 居住者不同带来卧室、书房配色的差异

Chapter 1

揭开
卧室色彩设计
的神秘面纱

分清**四角色**轻松**塑造**别样卧室**氛围**

卧室是人们彻底休息、放松的自在之地，与客厅等公共区域不同的是，卧室更私密，它的色彩设计更能体现居住者的个性。卧室中的色彩不仅通过墙面等固定界面呈现，家具、布艺等软装也是不可缺少的。这些色彩有着不同的作用，将它们合理地运用，才能更好地打造卧室。

背景色奠定卧室的基调

背景色就是充当背景的色彩，是占据空间面积最大的色彩角色，它并不仅仅限于一种颜色，通常包括墙面、地面、顶面、门窗、地毯、窗帘等，起到奠定空间基本风格和色彩印象的作用。所有的背景色中顶面最不引人注意，而占据主要位置的墙面最吸引人的目光，在卧室中就是指床头背景墙，建议着重考虑。

◀卧室背景色与主角色色调靠近，色差小，给人稳重、低调的感觉。

◀卧室背景色与主角色色差大，给人紧凑、有活力的感觉。

同一组物体不同背景色的区别

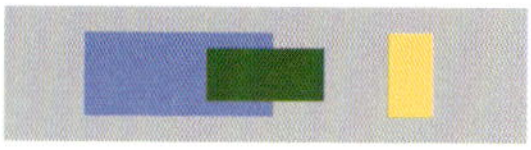

淡雅的背景色给人柔和、舒适的感觉。

高浓度暖色背景色给人活泼、热烈的感觉。

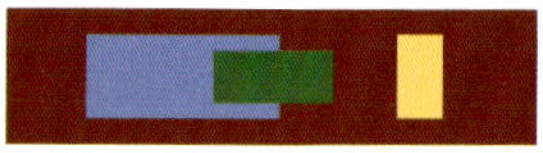

深暗的暖色背景色给人复古、厚重的感觉。

主角色构成中心点

主角色是指占据室内中心位置的色彩，主要是大件家具等构成视觉中心的物体，是配色的中心。卧室的主角色为床和床上的寝具。

▲在卧室中，床和寝具占据中心位置，是卧室中的主角色。

配角色为了衬托主角

用来衬托主角色的色彩可称为配角色，它的重要性次于主角色，通常是主角色旁的小家具。卧室中最常见的配角色物体为床头柜、电视柜等。它们的存在可以让空间显得更为生动，能够增添活力。因此，配角色与主角色的差异越大整体效果越活泼；反之，差异越小整体效果越稳定。

▲作为配角色的床头柜色彩与作为主角色的床同色相，使整体配色效果稳定、文雅。

▲配角色的床头柜使用红色，与白色的床形成高色调差，整体效果活泼、生动。

点缀色是生动的点睛之笔

点缀色指作为点缀使用的色彩，是居室中最易变化的小面积色彩，它们通常是工艺品、靠枕、装饰画等。若追求活泼感点缀色可鲜艳一些，若追求平稳感也可与背景色或主角色色相或色调靠近，在使用点缀色时需要注意与整体配色的协调，以及面积的控制，面积小才能够加强冲突感，提高配色的张力。

黄色面积过大，不凸显主体。

缩小面积，主体突出。

卧室中常见的点缀色

▲靠枕、台灯、花卉

▲吊灯、装饰画以及各种工艺品

从例图可以看出，墙面、地面、窗帘等大面积色彩为背景色，
床及大面积寝具为主角色，床头柜为配角色，其他小面积色彩为点缀色。

背景色

点缀色

主角色

配角色

点缀色

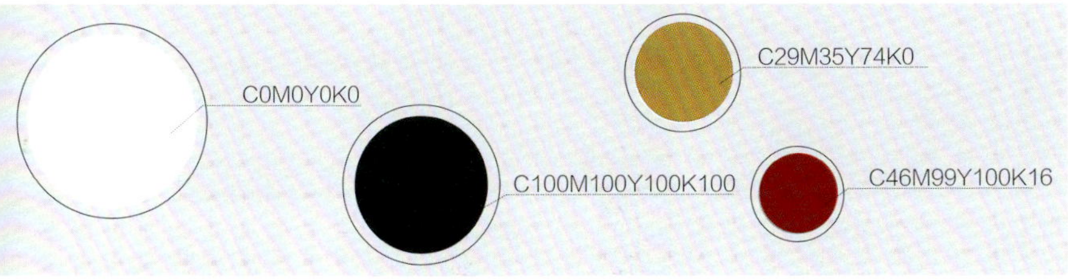

不同色系彰显居者独特个性

不同色彩给人的感觉是不同的，源自于太阳、火焰的颜色，给人的感觉是温暖、热烈的；源自于蓝天、海洋的颜色，使人感觉冷静清爽；有的色彩则没有明确的冷色或暖色感觉，按照这些色彩的不同感受可以将所有的色彩分为暖色、冷色和中性色。

以暖色为背景色或主角色使居室温暖

暖色包括红色、黄色、橙色和紫红色，将暖色作为卧室的背景色或主角色时，能够塑造出或温馨或活泼的感觉，具体的感觉由使用暖色的明度和纯度来决定，所用暖色的纯度越高，感觉越活泼、热烈；暖色的纯度越低，明度越高，给人的感觉越温馨、轻松；所用暖色的纯度和明度越低给人的感觉越厚重、复古。

◀以淡雅柔和暖色为背景色的卧室，给人温馨、轻松的感觉。

◀辅助色和点缀色使用高纯度的暖色，塑造出活泼、热烈的感觉。

以冷色为背景色或主角色使居室清爽

冷色包括蓝色、青色和蓝紫色，当蓝色占据卧室的大面积色彩或主要位置的色彩时，能够塑造出或清新或冷静的氛围，具体的色彩感觉由所用冷色的明度和纯度决定。越淡雅的冷色越清新、纯净；越暗沉的冷色越沉静，暗沉的冷色不适合大面积的在墙面上使用，容易让人感觉压抑。

▲最大面积背景色的墙面，使用了柔和的蓝色，使卧室氛围清新、爽朗。

▲低明度、低纯度的蓝色用作背景色和主角色，塑造出沉稳、安静的氛围。

中性色没有冷暖偏向

除了绿色、紫色这两种大家广泛认知的中性色外，黑色、白色、灰色也都属于中性色的范畴，它们既不让人感觉冷清也不让人感觉温暖，但都具有独特的个性。绿色是最具自然感的色彩、紫色神秘而浪漫、白色和黑色明度最高和最低、灰色具有都市感，其中黑色和白色没有纯度和明度的变化。

▲黑色和白色作为主角色和背景色，没有冷清或温暖的感觉。

▲绿色的地毯和床给人惬意的自然感，但既不冷清也不温暖。

明度和纯度影响中性色的色彩印象

灰色只有明度变化，高明度灰色素净、柔和，而低明度灰色更沉稳、阳刚一些；而高明度、高纯度的绿色给人梦幻、纯净的感觉，高明度和高纯度的紫色浪漫、甜美；低明度和低纯度的绿色和紫色具有压迫感，在卧室中可作点缀色，不建议大面积的使用。

◀淡雅柔和的绿色墙面没有冷暖感觉，所以居室的冷暖印象依靠主角色来塑造。

◀不同色调的紫色组合用做卧室的背景色和主角色，没有冷暖感但很浪漫。

同一组物体近似色调背景色的冷暖区别

淡暖色的背景色，与暖色主角色搭配，给人温暖、轻松的感觉。

淡冷色的背景色给人冷情感，与暖色主角色搭配给人活泼感。

淡绿色做背景时，背景色没有冷暖感觉，主角色的温暖感更突出。

配色 搭配秘籍

C0 M0 Y0 K0
C58 M59 Y62 K5
C63 M83 Y98 K54
C17 M14 Y25 K0

1. 背景墙部分采用深、暗色的暖色系组合，搭配淡米灰色的床品，给人温馨而复古的感觉。

C0 M0 Y0 K0
C77 M55 Y37 K0
C23 M30 Y48 K0

2. 墙面使用冷色系的蓝色为主，穿插白色，搭配淡米黄色的家具，具有清新而柔和的氛围。

C0 M0 Y0 K0
C33 M29 Y21 K0
C48 M49 Y37 K0

1. 紫色属于中性色，搭配同为中性色的白色和灰色，没有冷暖偏向，更具都市韵味。

C0 M0 Y0 K0
C58 M41 Y70 K0
C26 M19 Y22 K0
C36 M33 Y38 K0

2. 淡雅的绿色搭配白色和浅灰色作为卧室中的主要色彩，给人清新但不冷清的感觉。

色相型决定私密空间的开放与闭锁

色相就是指色彩所呈现出来的相貌，是红色、蓝色、黄色还是紫色，除了黑色、白色和灰色，一切色彩都有色相这个属性。而在实际运用中，单独使用一种色相的情况基本上是很少的，至少会有两种色相被同时使用，而某色相与某色相的组合就是色相型，它们之间的色彩关系决定了色相型的类型。

从色相环上辨别色相的关系最直观

一般色相环有五种或六种甚至于八种色相为主要色相，若在各主要色相的中间色相，就可做成十色相、十二色相或二十四色相等色相环。从色相环上能够最直观地辨别出不同色相之间的关系，它是进行色彩设计不可缺少的参照物。直观来说，色相环上距离越远的两种色相组成的色相型以及色相数量越多的色相型，效果越开放、活泼。

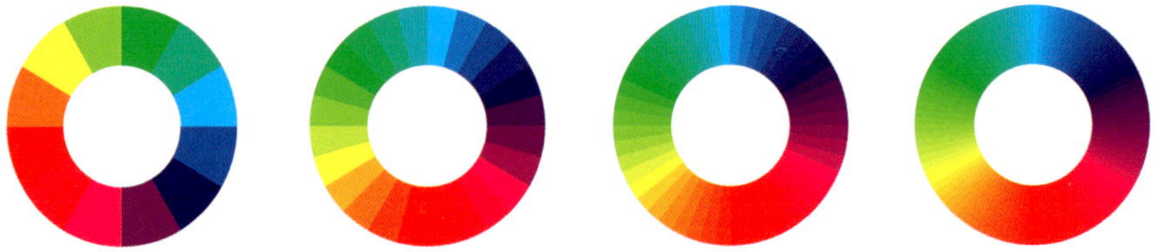

不同种类的色相环

同相型和近似型闭锁

同一色相中不同明度的色彩组合称为同相型，是最稳定、最闭锁的色相型，例如深红色和浅红色的组合。相近的色相组合称为近似型，也具有稳定感和闭锁性，但比同相型要略为开放一些，例如红色与橙色或红色与黄色组合。

不同明度的同色相色彩组合为同相型，最闭锁。

以红色为基色的情况下，其他几种色相均为红色的近似型。

同背景色同相型和近似型的区别

主角色和配角色为同相型，效果非常内敛、闭锁。

主角色和配角色为近似型，仍然很内敛，但比起前者要开放一些。

配色 搭配秘籍

C0 M0 Y0 K0　C44 M32 Y27 K0
C26 M19 Y22 K0　C36 M33 Y38 K0

1. 背景色和主角色使用了淡色的蓝灰色和青色的近似型组合，使整体感觉稳定在清新、柔和的范围内。

C0 M0 Y0 K0　C59 M78 Y61 K16
C64 M83 Y21 K0

2. 将不同明度的深紫色与白色组合，用在卧室中心位置上，让紫色的高贵气质得以强化。

1

2

对比型和互补型开放程度增加

互为对比色的色相组合称为对比型，即色相环上色系相反且位于 120°～180° 之间的两种色相，例如红色和蓝色；互为补色的色相组合称为互补型，即色相环上 180° 的两种色相，如红色和绿色。这两种色相型后者比前者活泼，但都比同相型和近似型更开放。

将色相环上的一组对比色组合，为对比型色相型。

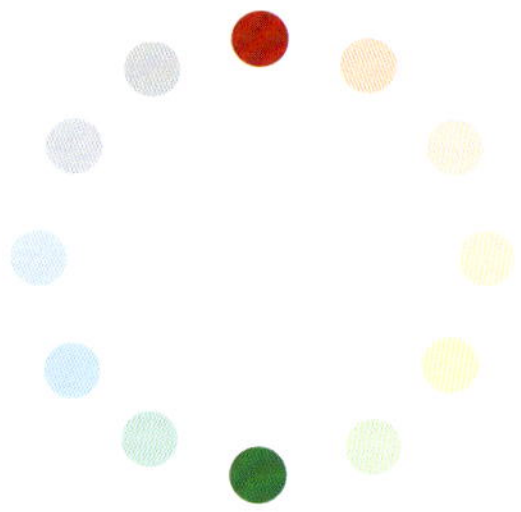

将色相环上位于直线位置上的两色组合，为互补型色相型。

同背景色对比型和互补型的区别

主角色和配角色为对比型，效果活泼、开放。

主角色和配角色为互补色，活泼、开放感增加。

三角型和四角型色相数量增加

三角型和四角型色相数量均有所增加，意味着比起前几种色相型来说更开放。三角型是指三种位于正三角形位置上的色相组合的色相型，例如原色红、黄、蓝组合；四角型是指将两组对比型或互补型组合的色相型，例如红、绿、蓝、橙。

位于正三角形三个角上的三种色相组合，为三角型色相型。

一组对比色（互补色）和另一组对比色（互补色）组合，为四角型色相型。

配色 搭配秘籍

C0 M0 Y0 K0
C80 M41 Y38 K0
C34 M82 Y61 K0

1. 将红色作为主角色，与蓝色背景色组合，比起互补型的红、绿组合来说，对比感有所减弱，具有高档感。

C55 M52 Y58 K1
C0 M0 Y0 K0
C25 M20 Y20 K0
C67 M71 Y35 K0
C24 M41 Y81 K0

2. 点缀用的装饰画包含了一组互补型配色，与素雅的主角色和背景色形成了撞击，增强了配色的张力。

C0 M0 Y0 K0
C65 M90 Y97 K62
C36 M21 Y13 K0
C66 M47 Y54 K0
C91 M75 Y48 K12
C25 M36 Y71 K0

1. 使用了三角型的红、黄、蓝色相型，为原本清新的环境增添了一些活泼感，因为面积小且避免了纯色的使用，并不让人感觉刺激和突兀。

C0 M0 Y0 K0
C61 M57 Y57 K4
C89 M51 Y95 K17
C37 M90 Y90 K2
C84 M63 Y35 K0
C27 M34 Y88 K0

2. 在白色的衬托下，由红、绿、黄、蓝构成的四角型配色，显得特别的活泼，虽然纯度都比较高，但多为点缀色，所以并不让人感觉刺激。

全相型效果最喜庆、最开放

互为对比色的色相组合称为对比型，即色相环上色系相反且位于 120°～180° 的两种色相，例如红色和蓝色；互为补色的色相组合称为互补型，即色相环上 180° 的两种色相，如红色和绿色。这两种色相型后者比前者活泼，但都比同相型和近似型更开放。

全相型是所有色相型中色相数量最多的一种，所以效果最自然、喜庆也最开放，通常情况下，配色中有五种色相型就可以认为是全相型，最具有代表性的是无冷暖偏颇的由六种色相组合的全相型。

同一组物体近似色调背景色的冷暖区别

主角色、配角色和点缀色形成三角型配色，比两种色相组成的色相型更开放。

主角色、配角色和点缀色形成四角型配色，色相数量增加，开放感继续增加。

主角色、配角色和点缀色形成全相型配色，色彩数量最多，效果最活泼、喜庆。

色相纯度越高开放感越强、越刺激

所有具有开放感的色相型中，所使用色相的纯度越高形成的效果越开放也越刺激，反之亦然。在卧室中使用具有刺激感的色相型时，可以通过调节纯度和明度的方式来降低刺激感，增加活泼感的舒适性。

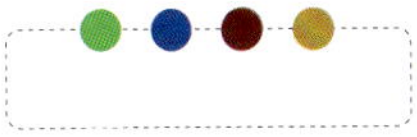

▲绿色和蓝色的纯度较高，而红色和黄色纯度降低，仍然很活泼，但刺激感减轻。

配色 搭配秘籍

C42 M32 Y61 K0
C0 M0 Y0 K0
C26 M11 Y11 K0
C83 M44 Y58 K1
C53 M76 Y99 K25
C58 M72 Y32 K0

1. 黄绿色墙面、暗棕色茶几及青色座椅组合，再点缀紫色和黄色的靠枕，构成了活泼但不刺激的全相型配色。

C0 M0 Y0 K0
C60 M23 Y34 K0
C33 M69 Y26 K0
C46 M47 Y32 K0
C50 M41 Y79 K0
C57 M99 Y98 K50

2. 背景色大面积使用白色，所有的彩色均以点缀色形式出现，装点出具有梦幻感的卧室。

- C0 M0 Y0 K0
- C33 M50 Y86 K0
- C59 M84 Y64 K30
- C68 M55 Y90 K16
- C23 M41 Y89 K0
- C67 M23 Y44 K0
- C11 M85 Y80 K0

1. 纯色调的彩色小面积作点缀色，大面积的彩色降低纯度，共同组成全相型配色，效果非常协调、舒适。

- C0 M0 Y0 K0
- C8 M5 Y48 K0
- C72 M67 Y69 K28
- C78 M20 Y100 K0
- C43 M80 Y94 K7
- C75 M41 Y59 K0

2. 大面积使用的黄色采用柔和色调，小面积的色彩用高纯度和低纯度组合，活泼、喜庆却不失自然感。

居住者不同带来卧室、书房配色的差异

卧室、书房是非常私密的空间，除了居住者外，其他人很少会长时间的滞留，一切设计均以主人的喜好为依据，当然也包括色彩设计。从人群来分，可以将卧室、书房的主人分为女性、男性、夫妇、儿童和老人五大类，根据主人性别及年龄的不同，配色也应对应其特点，以引起主人的共鸣使其具有归属感。

温暖、柔美的色彩具有女性气质

看到红色、粉色这类的颜色时大多数人都会联想到女性，可见粉色和红色能够表现出女性气质，除此之外还有紫红色和黄色以及紫色。用这些色彩作为卧室、书房主色，并采用小色差、过渡平稳，能够传达出女性温柔、甜美的印象。

◀以红色为中心的暖色相，以及中性色的紫色，能够传达出女性气质。

◀书房表现女性柔美的一面，适合使用高明度的暖色相。

高明度色彩表现浪漫感

以高明度的粉色、黄色为中心的高明度色彩组合装饰卧室，能够展现出女性甜美、浪漫的一面。若同时搭配白色或一些冷色，则能够渲染出梦幻的氛围。

浪漫感的女性卧室配色

▶以粉色为主色，整体色差小，显得轻盈、淡雅，塑造出女性独有的甜美、浪漫的感觉。

淡灰色彰显优雅感

在高明度的淡色中加入一点灰色，形成略带混浊感的色调，能够体现出女性优雅、高贵的气质，配色时需要注意避免强烈对比，色彩之间过渡应平稳。

▲以略带混浊感的粉色作为背景色，搭配近似型的紫色作主角色，两者之间无论色相还是色调差距都很小，让人觉得温馨而典雅，能够体现出具有阅历的女性的优雅。

优雅的女性卧室配色

紫色系具有独特魅力

紫色系具有独特的女性魅力，包括紫色和紫红色，即使是纯色或者加入少量黑色的强力浓色，也能够渲染出具有女性特点的氛围，是少有的不用控制明度和纯度就具有女性特点的色相。

▲墙面使用了较为浓郁的紫红色，搭配灰色床和白色寝具，仍然具有浓郁的女性气质。

具有浓郁女性气质的紫色系

控制对比强度冷色也可表现女性气质

只要控制好配色之间的对比强度，冷色也可用来表现女性气质，淡雅、柔和的淡蓝色、蓝绿色等能够体现出女性清爽、干练的一面，即使是暖色，如果采用强度比，也会增强力量感而具有鲜明的男性特征。

◀清新、柔和的蓝色搭配少量绿色和大量白色装饰卧室，纯净而干练，具有女性特点。

配色 搭配秘籍

C16 M27 Y38 K0　C18 M8 Y32 K0
C7 M9 Y55 K0

1. 以柔和淡雅的高明度暖色为主，搭配少量同样淡雅的中性色，表现出浪漫而柔和的女性气质。

C0 M0 Y0 K0　C11 M14 Y21 K0
C66 M41 Y38 K0　C58 M61 Y32 K0

2. 虽然使用了蓝色与白色组合，但蓝色具有透彻感，搭配典型的女性代表色紫色，表现出女性干练的一面。

1

2

1

2

C38 M39 Y42 K0　C83 M72 Y51 K12
C27 M77 Y50 K0

1. 卧室将带有灰色的混浊黄色系作为主色，渲染优雅、温馨的女性气质，点缀以明度差较小的蓝色和红色，增添一丝活泼感。

C0 M0 Y0 K0　C56 M14 Y23 K0
C25 M65 Y30 K0　C16 M65 Y59 K0
C27 M97 Y61 K0　C29 M17 Y67 K0

2. 以白色为主色，搭配明亮的、多彩色组成的装饰，塑造出具有活泼感和愉悦感的女性卧室氛围。

厚重、冷静的色彩具有男性气质

男性与女性给人的感觉是相反的，他们普遍给人的感觉是理智而有力量的，所以冷峻的、厚重的色彩往往能够表达男性气质。实际上，除了紫红色外所有的色彩都可以用来表现男性特点，暖色系表现力量感而冷色系表现理智、冷静的一面。

▲以灰色调、深色或暗色为主的配色，才能够表现男性气质。

▲蓝色和灰色、黑色等无彩色以及深暗的暖色，是男性的代表色。

同色相男性色与女性色的区别

柔和的、弱对比的红色和绿色组合具有女性温柔的气质。

深厚的、强对比的红色和绿色组合具有男性的力量感。

蓝色和灰色组合表现理性、冷静的男性气质

将蓝色和灰色组合，能够表现出男性理性、冷静的气质，很适合此类性格的男性用来装点卧室，可以将蓝色作为主色也可颠倒过来，但主体部分应具有强对比感，如果同时搭配洁净的白色，能够增添力度感。

理智、绅士的男性代表色

▲墙面虽然是纯净的淡蓝色，但寝具使用了暗蓝色，与浅灰色的床组合，形成了强有力的明度差，展现具有理智感的男性气质。

厚重的暖色表现传统、考究的男性气质

深暗的冷色系表现男性的理智感，而深暗的暖色系和中性色能够传达出厚重、传统、坚实的男性气质，例如暗棕色、茶色、深绿色等。如果将这些色彩加入蓝色和灰色的组合中，可以给人考究的感觉。

具有传统、厚重感的男性配色

具有考究感的男性配色

▲浅棕色的墙面搭配深赭石色的寝具，厚重而传统，表现出充满力量感的男性气质。

强对比的情况下，红色也能用在男性卧室中

紫红色系具有显著的女性气质，例如紫红色、粉色等，所以不适合用在男性卧室中，如果要使用只适合小面积的与对比色组合做点缀。除了它之外，所有的色彩均可以用来表现男性气质，用在男性卧室中，包括红色，重点在于对比度的控制，通过强烈的明度或色相对比即可营造出力量感的氛围。

▲红色与主角色的白色和蓝色形成色调及色相对比，表现男性气质。

▲粉红色小面积点缀且同时与对比色同时使用，用在男性卧室中才不显得突兀。

配色 搭配秘籍

C0 M0 Y0 K0
C57 M14 Y23 K0
C49 M48 Y55 K0
C96 M94 Y66 K55
C38 M79 Y100 K6
C49 M93 Y86 K22

1. 墙面的淡蓝色与黑色的家具形成了明度对比，搭配灰色系的床品，装点出具有理性感的男性卧室。

C0 M0 Y0 K0
C84 M79 Y67 K46
C76 M73 Y78 K49

2. 卧室中心部分用暗色调的冷色搭配灰色表现理性感，地面背景色使用暗色调暖色，与冷色形成对比，彰显具有绅士感的男性气质。

1

2

C0 M0 Y0 K0　C66 M71 Y73 K30　C91 M87 Y88 K78

1. 白色组合黑色和深棕色，表现出具有传统感和厚重感的男性卧室氛围。

C0 M0 Y0 K0　C76 M59 Y100 K30　C61 M79 Y81 K40

2. 明度较低的绿色组合大地色系的深棕色，为男性卧室带进了自然感。

新婚夫妇卧室甜蜜、喜庆

新婚夫妇的卧室宜表现新婚甜蜜、喜庆的氛围，最传统的方式是用红色来装饰来表现。而随着时尚的不断发展，除了从古代流传下来的红色外，还可以用纯色或接近纯色的黄色、绿色、蓝色等搭配恰当的色彩组合来表现个性的喜庆氛围。

▲红色通过软装的形式展现，既能够渲染喜庆、甜蜜的氛围，又方便更换。

传统、喜庆的婚房配色以红色为主

▲纯色调的黄色搭配深蓝色点缀在白色的寝具上，活泼而带有低调的喜庆韵味，适合不喜欢红色的新婚夫妇。

▲代表男性的蓝色为主，点缀少量纯色调的粉红色代表女性，对比带来活泼和喜庆感，又隐喻着两性的结合。

男性色和女性色对比塑造喜庆感

纯色调暖色为主塑造喜庆感

中年夫妇卧室宜体现年龄特点

以带有灰色调的暖色或中性色为主，色相之间过渡平稳能够体现出中年夫妇稳重的一面，避免单调可以强化色彩之间的明度对比或者加入白色做调节；将白色或米色作主色，则更文雅一些；以灰色或白色为主，搭配多彩色点缀，则具有时尚感。但比起青年人来说中年人的视力有所退化，所以不建议使用太过于鲜艳的颜色，容易对眼镜造成刺激。

▲背景色以各种明度的棕色系组合，搭配浅蓝灰色以银灰色的主角色，具有稳重感和高品质感。

▲以带有灰色调的绿色和紫色作主要色彩，体现中年人的年龄特点，床和寝具大量使用白色，调节层次感。

稳重感感塑造以暖色或中性色为主

米色或白色为主塑造文雅感

白色或灰色为主塑造时尚感

◀棕色和中灰色作背景色，搭配米色的主角色，点缀以蓝色、绿色等彩色，表现兼具时尚感的古雅韵味。

配色 搭配秘籍

C0 M0 Y0 K0　C9 M31 Y48 K0
C51 M70 Y100 K15　C57 M100 Y93 K50

1. 用紫红色和紫色组成的布艺，与米黄色墙面形成对比，烘托出具有活跃感和愉悦感的新婚卧室氛围。

C0 M0 Y0 K0　C73 M64 Y59 K14
C44 M100 Y100 K13

2. 以无色系作基调塑造时尚的整体氛围，而后让红色重复地用在空间中，增添喜庆感，也是男性色与女性色的结合。

1

2

1

2

C17 M28 Y38 K0　C7 M14 Y62 K0
C65 M25 Y20 K0

1. 用具有纯粹感的蓝色与黄色组合的对比色床品，加入柔和的主调中，增添了具有愉悦感的新婚气氛。

C0 M0 Y0 K0　C11 M8 Y82 K0
C36 M6 Y21 K0

2. 以白色组合纯色调的黄色，表现新婚卧室中活跃而喜庆的感觉。

1. 卧室中的整体配色，体现出中年夫妇比年轻人更具包容力但仍具有活力的年龄特点。

C0 M0 Y0 K0
C20 M29 Y53 K0
C50 M26 Y7 K0
C68 M0 Y31 K0
C31 M81 Y66 K0
C65 M81 Y100 K55

2. 卧室中墙面和主家具的明度差较大，用比色相差更温和的对比方式来增添动感，更适合中年人的生理特点。

C43 M61 Y100 K3
C58 M71 Y61 K10
C76 M70 Y60 K22
C45 M33 Y30 K0
C31 M34 Y50 K0
C38 M36 Y33 K0

C0 M0 Y0 K0
C52 M60 Y60 K3
C100 M100 Y100 K100
C39 M90 Y81 K4

1. 茶色系墙面搭配黑色的家具、浅色的寝具以及红色的地毯，表现中年人融合力量感和复古情怀的特点。

C0 M0 Y0 K0
C34 M34 Y40 K0
C71 M77 Y76 K48
C59 M56 Y47 K0
C7 M9 Y55 K0
C23 M17 Y29 K0

2. 以灰色调的中性色为软装主色，搭配米色和棕色结合的墙面，高雅而复古，体现中年人的品位。

儿童卧室宜结合居住者年龄配色

儿童比起成人来说，更天真、活泼，在设计儿童房的色彩时，宜体现他们的这种年龄特点。同时，还需要注意的是，不同阶段的儿童对色彩有不同的需求，在做儿童房配色时，更重要的是要考虑儿童的年龄段，根据年龄段对天真、活泼的配色进行明度和纯度上的调节。

▲或天真或活泼的配色能够体现儿童的年龄特点，主要靠调节色彩的纯度和明度来实现。

婴幼儿需要安全感

婴幼儿的眼睛处于生长阶段不能受刺激，且他们心理上需要安全感，因此婴儿房的配色宜选择淡雅的色彩，例如淡色或者带一点灰调的浅色，具体色相可根据婴儿的性别来选择，女婴可使用紫色、粉色，男婴可使用蓝色、青色，黄色和绿色比较中性，既适合男婴也适合女婴。

◀女性色为主体现婴儿性别，整体色彩都较为柔和，仅布艺纯度稍高，甜美、柔和又不乏层次感。

◀略带一点灰调的淡蓝色与白色搭配，清新而柔和，很适合装饰男婴的房间。

适合女婴卧室的主色

适合男婴卧室的主色

儿童卧室可使用高纯度活泼配色

4~12周岁的孩子处于儿童时期，这个阶段的孩子具有充足的精力，非常好动，装饰他们的房室时可以使用一些高纯度的色彩，数量越多活泼感越强，以表现这个阶段的年龄特点，但也需要注意刺激色面积的控制。女孩可以以粉色、红色、紫色等女性色为主，而男孩可以以绿色、蓝色、蓝绿色等为主。

▲高纯度的粉色搭配绿色和白色，活泼、甜美，适合性格活泼的女孩。

▲以浅蓝色搭配深蓝色为主表现男孩性别特点，布艺选择蓝色和红色搭配，用对比色表现此年龄的活力。

适合女童卧室的主色

适合男童卧室的主色

青少年的卧室可让他们自己做主

孩子成长超过13周岁后，进入了青少年时期，逐渐有了自己的审美和想法，属于儿童和成年的中间过渡阶段，也容易出现叛逆的情绪，他们的卧室在配色时可多听取他们自己的意见，原则上这个年龄段属于叛逆期，大面积的色彩宜柔和、淡雅一些，刺激的暖色大面积使用容易加重焦躁感，而暗色特别是冷色容易使其抑郁，这些可少量做点缀使用，靠枕、布艺等装饰物可加入一些活泼的点缀色，体现其保留的童趣。

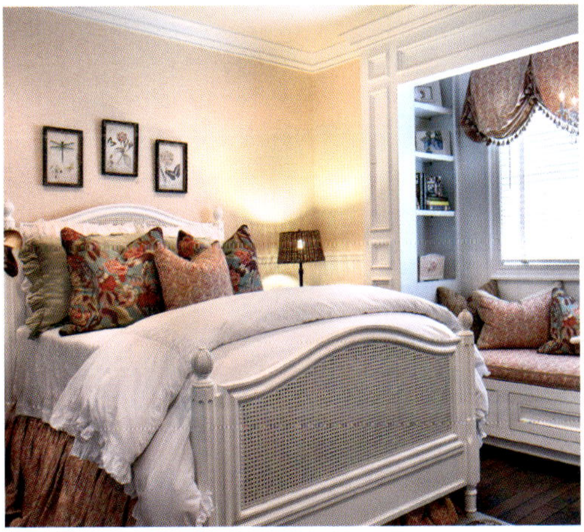

▲女孩房的背景色可柔和一些，而后局部点缀纯度高一些的布艺或花艺，表现其活泼的一面。

▲蓝色和红色降低明度，与高纯度的黄色组成三角型配色，活泼而具有力量感，表现青春期的男孩特点。

适合女孩卧室的主色

适合男孩卧室的主色

配色 搭配秘籍

C12 M24 Y18 K0
C20 M45 Y34 K0
C0 M0 Y0 K0

1. 以柔和的淡粉色装饰墙面，搭配白色的家具，纯净、温柔而又具有甜美感，很适合女婴。

C12 M13 Y2 K0
C0 M0 Y0 K0
C36 M39 Y8 K0

2. 紫色也是典型的女性色，用淡雅的紫色装点女婴房间，具有浪漫感和柔和感。

C50 M27 Y18 K0
C0 M0 Y0 K0
C58 M83 Y100 K45

1. 以淡蓝色结合白色作为婴儿房的主色，清新而又带有柔和感，非常适合婴儿期的男孩。

C26 M5 Y33 K0
C38 M39 Y43 K0
C67 M71 Y100 K45
C0 M0 Y0 K0

2. 淡绿色是中性色，搭配棕色的木质家具具有男性特点，高明度的对比为男婴房增添了一些柔和的活力感。

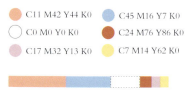

C11 M42 Y44 K0　C45 M16 Y7 K0
C0 M0 Y0 K0　C24 M76 Y86 K0
C17 M32 Y13 K0　C7 M14 Y62 K0

1. 以粉红色搭配蓝色作主要色彩，表现女孩的性别特点，再点缀多种色彩，表现其性格中活泼的一面。

C0 M0 Y0 K0　C8 M14 Y55 K0
C20 M78 Y69 K0

2. 以粉红色搭配米黄色的墙面，兼具柔和感和甜美感，并具有一些成熟女性的气质，表现出青春期女孩的个性。

1

2

C0 M0 Y0 K0　C69 M40 Y0 K0
C32 M100 Y100 K1

1. 白色大面积使用，用作背景色和主角色，用蓝色和红色的对比色组合与其搭配，塑造出清爽而又不乏活泼感的感觉，很适合年龄接近成人的男孩。

C0 M0 Y0 K0　C76 M5 Y88 K0
C50 M0 Y81 K0　C3 M32 Y90 K0

2. 纯色调的黄绿色搭配白色、黄色，并用带有童趣的造型和图案呈现出来，表现出男童活泼的年龄特点。

宁静、安逸的色彩适合老人房

老年人身体机能衰退或多或少会有一些老年常见疾病，决定了老人喜爱宁静、整洁、安逸、柔和的居室环境。在装饰老人房时，宜用温暖、舒缓的色彩，表现出亲近祥和的意境，但在柔和的前提下，可使用一些具有对比感的冲突型或互补型配色来增加生气，如果是对比色可以调节纯度和明度来避免刺激性。同时要避免使用大面积的深颜色，防止有闷重的感觉。

▲老人房的大面积色彩例如背景色和主角色可以使用米色、米黄色等温馨的色彩，塑造平和、安全的感觉。

▲高明度的米黄色和低明度的深紫色组合，互补型的刺激感有所降低，还具有复古感和高雅感，更适合老人。

温馨、安逸的色彩适合老人房

色相组合宜避免强对比和刺激

老人的视力有所减退，太刺激的颜色会感觉不舒适、焦躁，所以老人房的大面积部分忌用高纯度的红、橙等易使人兴奋和激动的颜色，且避免对比感太强的配色，高雅宁静的色调最佳。而墙面和家具之间的明度差建议大一些，可以增加空间整体配色的层次感，也有利于分辨不同部位，避免发生碰撞。

▲老年人的视物能力都有所减弱，墙面和家具之间的明度差可以大一些，有利于让他们分辨不同的界面。

高纯度对比和低纯度对比的区别

紫色和黄色互补型组合的纯度都比较高，适合儿童或年轻人。

虽然还是紫色和黄色的互补型组合，但明度调节后刺激感减弱，适合老人。

配色 搭配秘籍

C0 M0 Y0 K0
C9 M23 Y40 K0
C22 M3 Y8 K0
C76 M79 Y76 K55
C57 M75 Y100 K33
C73 M48 Y82 K6

1. 淡雅的暖色背景搭配深色的家具温馨而又具有分明的明度层次，窗帘、寝具和地毯色调与墙面接近，柔和而不乏清新感。这样的配色很适合不喜欢厚重感的老人。

C68 M75 Y100 K51
C11 M6 Y57 K0
C0 M0 Y0 K0
C52 M62 Y22 K0
C75 M77 Y57 K22
C54 M46 Y24 K0

2. 墙面采用浅黄色的花纹壁纸，惬意又具有低调的活力，家具采用棕色、床品采用紫灰色，同时形成色调和色相的对比，具有古典感和怀旧感，彰显老年人的品位。

1

2

1. 墙面和家具采用高明度差的对比，能够为老人房增加一些活力感，同时还对老人减弱的视力有帮助。

C12 M20 Y26 K0
C50 M96 Y100 K28
C28 M38 Y60 K0
C0 M0 Y0 K0
C60 M73 Y100 K36
C100 M100 Y100 K100

2. 将灰色和米色结合作为卧室中重点部分的配色，能够表现出素净而古雅的老人房意境。

C0 M0 Y0 K0
C12 M20 Y26 K0
C53 M43 Y44 K0
C66 M85 Y74 K49

C50 M0 Y81 K0　C55 M87 Y100 K39

C17 M27 Y35 K0

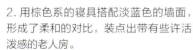

1. 以大地色系为主的卧室配色，能够表现出老年人怀旧、喜欢安逸环境的特点。

C0 M0 Y0 K0　C29 M1 Y22 K0

C55 M73 Y96 K25　C59 M54 Y62 K3

C47 M72 Y91 K10　C31 M44 Y69 K0

2. 用棕色系的寝具搭配淡蓝色的墙面，形成了柔和的对比，装点出带有些许活泼感的老人房。

1

2

• **突出主角色**——为卧室增加朝气

• **加强融合力**——赋予卧室雅致氛围

Chapter 2

轻松调整

不完美

卧室配色

突出**主角**色——为卧室增加**朝气**

很多时候因为色板与实际使用、光线的差距等，卧室内的配色效果往往会与效果图或所期待的效果有一定的偏差，因为软装改变起来最简单、方便，因此可以通过调整卧室内软装配色的方式来调整配色效果，减弱实际效果与理想效果的差距。当卧室内配色的主次层次不分明时，就缺乏活泼感和朝气，可以采用突出主角色的方式来改变这种情况。

直接调整主角色

直接改变主角色是最直接的调整方式，可以提高主角色的纯度、增强明度差以及增强色相型使其突出。卧室中的主角色通常是床以及寝具，床体积较大不易调整，而寝具更换起来则非常容易，可以通过调整寝具的色彩来使主角色整体更突出。

▶卧室中大面积的寝具为主角色，如床单、被套，可以改变它们的色相、明度或纯度使其主体地位更显著。

提高主角色的纯度

提高作为主角色的寝具的纯度是使卧室内主角色变得明确的最有效方式，当主角色变得鲜艳时，在视觉中就会变得强势，自然会占据主体地位。

◀主角色与背景色纯度相差较大时，主角色的主体地位就会很突出，也就会因为活泼而具有朝气。

高纯度对比和低纯度对比的区别

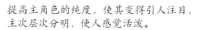

主角色的纯度低，与背景色纯度差距小，存在感很弱，使人感觉单调。

提高主角色的纯度，使其变得引人注目，主次层次分明，使人感觉活泼。

加大明度差

如果不喜欢纯度太高的寝具，还可以通过改变它的明度来达到凸显主角色主体地位的目的。此种方式也适合于灰色和黑色或灰色和白色的组合，由于无色系中只有灰色具有明度的属性，所以在它与白色或黑色组合中显得不突出时，可以调节其明度。

▲主角色与背景色或配角色的明度相差较大时，主角色的主体地位也会很突出。

不同色相明度的区别

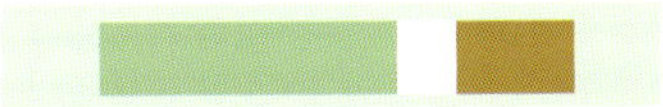

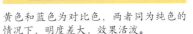

主角色与背景色的明度差小，主角色不突出，存在感很弱。

调高主角色的明度值后，主角色与背景色的明度差拉大，主角色存在感明显。

不同色相的纯色，明度也不同

不同的色相即使同为纯色，明度也是不同的。越接近白色的色相，明度越高；越接近黑色的色相，明度越低。在深色的背景下，想要突出主角色，就需搭配明度高的色彩；高明度的背景下，搭配明度低的家具也能取得同样的效果。

◀左图中床为紫色与绿色在色相环上距离较远；右图中蓝色与绿色为近似色，两者的明度差就比左图中的弱一些。

高纯度对比和低纯度对比的区别

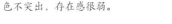

黄色和橙色为近似色，两者同为纯色的情况下，明度差小，效果稳定。

黄色和蓝色为对比色，两者同为纯色的情况下，明度差大，效果活泼。

增强色相型

增强色相型就是通过增作为主角色的大床或大面积寝具与背景色或配角色之间的色相差距，使主角色的地位更突出的调整方式。所有的色相型中，同相型最弱，全相型最强。若室内配色为同相型，则可将其变为排位靠后的任意一种。

▲左图主角色与白景色为同相型；右图为对比型，主角色地位比较突出。

不同色相型的区别

主角色与背景色为近似型，色相差小，主角色的主体地位不是非常突出。

主角色与背景色为对比型，色相差小，主角色的主体地位就比较突出。

增强点缀色

若作为卧室主角色的床或寝具更换不方便，可以采取为它们增加一些点缀色的方式来明确其主体地位，改变空间配色的层次感和氛围。这种方式没有对空间面积的要求，大空间和小空间都可以使用，是最为经济、迅速的一种改变方式。例如，寝具与墙面的差距小，与其相比不够突出，就可以选择几个彩色的靠垫放在上面，通过点缀色增加其注目性，来达到突出主角地位的目的。

▲在白色的床上摆放一组橙色、绿色和蓝色组合的靠枕，让床的主体地位更显著、更明确。

点缀色面积不宜过大

需要注意的是，点缀色的面积不宜过大，如果超过一定面积，容易变为配角色，改变空间中原有配色的色相型，破坏整体感，增加的点缀色还宜结合整体氛围进行选择。

点缀色数量的区别

主角色与背景色的明度接近，点缀色为白色和绿色，主角色的主体地位不突出。

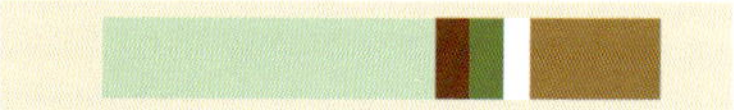

在点缀色中增加了绿色的对比色，使色彩数量增加，主角色就变得比较突出。

不改变主角色的调整方式

抑制配角色或背景色是指不改变主角色，通过改变配角色或背景色的明度、纯度、色相等方式，来凸显主角色的主体地位。在卧室中相比直接调整主角色的方式来说这种方式比较麻烦，还是建议直接调整主角色的色彩，但如果窗帘、地毯或者床头柜的色彩过于抢镜，可以通过这种方式来调整配色主体。

▶卧室中床及寝具的主角地位可以通过明度或色相来展现，窗帘、地毯或床头柜等色彩不宜比其更抢眼。

抑制背景色

当卧室内作为背景色的地毯、窗帘的颜色或花纹过于抢眼，而抢夺了床及寝具的主体地位时，可以更改它们的色彩或花纹来使主角色的主体地位更突出。

◀地毯的色彩比较鲜艳，比寝具更引人注意，可以改变地毯的色彩来凸显寝具的主体地位，例如改为浅灰色。

◀窗帘与寝具相比，更吸引人的目光，抢占了寝具的主体地位，此时可以调节其色彩来使寝具更突出。

背景色不同纯度的区别

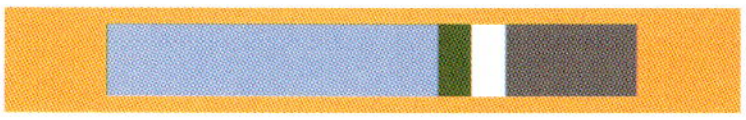

背景色的纯度比主角色更高，比较抢眼。

降低背景色的纯度提高其明度，主角色的主体地位更突出。

抑制配角色

当卧室内充当配角色的辅助性家具，如床头柜、装饰柜等物品的颜色比床和寝具更引人注目时，主角色的主体地位就不会太突出，可以更改它们的色彩来凸显主角色。

背景色的纯度比主角色更高，比较抢眼。

降低背景色的纯度提高其明度，主角色的主体地位更突出。

配色 搭配秘籍

C0 M0 Y0 K0
C28 M30 Y55 K0
C28 M11 Y85 K0
C8 M14 Y55 K0

1. 作为卧室中绝对主角的床，其色彩无论明度还是纯度都是最突出的，整体给人非常舒适、稳健的感觉。

C0 M0 Y0 K0
C5 M16 Y37 K0
C17 M27 Y35 K0
C17 M9 Y26 K0
C6 M5 Y61 K0
C70 M71 Y76 K37

2. 作为主角色的床与背景色的明度非常接近，加上一组明黄色的靠枕后，床的主体地位才凸显出来。

C0 M0 Y0 K0
C18 M13 Y13 K0
C100 M100 Y100 K100
C4 M7 Y27 K0
C30 M59 Y37 K0
C73 M87 Y77 K62

1. 在无色系背景的环境下，粉色床品以明度取胜，主角色突出而主次分明，卧室整体就具有稳定的感觉。

C0 M0 Y0 K0
C43 M27 Y26 K0
C11 M8 Y24 K0
C28 M30 Y55 K0
C94 M69 Y45 K5
C45 M84 Y82 K11

2. 窗帘和寝具都使用了花色，不同的是寝具的底色是白色而窗帘的底色是木灰色，比较来说寝具的底色更明亮，也更引人注目，主体地位很突出。

加强融合力——赋予卧室雅致氛围

在实际配色中，除了让人感觉主角色的主体地位不够突出的情况外，有的时候还会出现卧室内的色彩过于凌乱而使人感觉层次不清的情况，这个时候就需要通过与突出主角色相反的方式来使整体配色更具整体感和融合力，与突出主角色的方法一样，可以调整色彩的色相、纯度、明度的方式来加强整体色彩的融合力。

追求平和、统一感用融合法

整体融合的调整方式适用于卧室内的颜色搭配过于混乱，想要改变为平和、统一效果的情况。可以通过靠近色彩的明度、色调以及添加类似或同类色等方式来进行整体融合；除此之外，还可以通过重复、群化等方式来进行。

▶白色除了作为主角色使用外，还重复性地作为背景色、点缀色使用，这样的配色方式具有很强的融合性。

使不同角色的明度靠近

调整不同角色之间的明度是不改变卧室内色彩数量和色相型的情况下的最有效、最简单的调整方式，明度靠近的一组色彩要比明度差大的一组更加安稳、柔和。

◀主角色与背景色的明度差较大，主角色突出，整体氛围较活泼。

◀主角色与背景色、点缀色之间的明度差小，主角色仍然突出，但整体氛围稳定。

明度差带来的效果区别

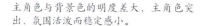

主角色与背景色的明度差大，主角色突出，氛围活泼而稳定感小。

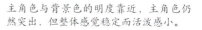

主角色与背景色的明度靠近，主角色仍然突出，但整体感觉稳定而活泼感小。

使不同角色的色调靠近

色彩的明度和纯度组合起来称为色调，淡色为淡色调、纯色为纯色调、暗色为暗色调等，即使是不同的色相，只要色调相同给人同样的感觉也是类似的，例如淡雅的色调均柔和、甜美，浓色调给人沉稳、内敛的感觉等。因此不管采用什么色相，只要采用相同的色调进行搭配，就能够融合、统一，塑造柔和的视觉效果。

◀背景色、配角色的色调靠近，而主角色的色调与它们略有差距以凸显主体地位，整体氛围稳定而平和。

◀背景色和主角色都使用了灰色调，明度差小，给人稳定、内敛的感觉。

主角色与背景色色调强弱的区别

主角色、配角色与背景色的色调差大，配色设计让人感觉很具有活力。

主角色与背景色的色调差小，都为柔和的色调，使人感觉稳定而舒缓。

添加类似色或同相色

添加类似色或同相色的方式适用于卧室内的色彩数量少，且对比过于强烈，使人感到尖锐、不舒服的情况下使用。选取卧室内比较跳跃的一种或两种角色，添加或与它们为同类型或类似型的色彩，就可以在不改变整体感觉的同时，减弱对比和尖锐感，实现融合。

加入近似色带来的区别

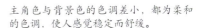

点缀色为浅灰色，主角色与背景色及配角色对比强烈。

加入与墙面和配角色为近似型的两种色彩做点缀，整体融合性强，对比感减少。

◀主角色是纯色调的黄色，在黑白为主的环境中虽然抢眼但有些突兀，加入与其为近似型的橙色点缀形成融合，比单独的黄色更舒适。

重复性融合

让同一种色彩重复性地出现在卧室内的不同位置上，就是重复性融合 ，当一种色彩单独用在一个位置且与周围色彩没有联系时，就会给人很孤立不融合的感觉，这时候将这种色彩同时用在卧室内其他几个位置上，使其重复出现，就能够相互呼应，形成整体感。

◀当一种颜色重复性地出现在卧室中多个部位时，就形成了重复性融合。

加入同相色后的区别

绿色仅有辅助色部分使用，显得非常孤立，缺乏整体感。

点缀色也加入绿色后，形成了重复性融合，就不再显得孤立，具有整体感。

群化形成融合

群化就是指将邻近物体的色彩选择色相、明度、纯度等某一个属性进行共同化，塑造出统一的效果。群化可以使卧室内的多种颜色形成独特的平衡感，同时仍然保留着丰富的层次感，但不会显得杂乱无序，这种调整方式特别适合卧室色彩数量较多的情况。

群化前后的区别

五种色相的纯度和明度的差别较大，如果在一个空间中很容易使人感觉混乱。

当它们的色调靠近时，差别就会减小，就具有了融合感和统一性，也就更稳定。

◀点缀色虽然色彩数量很多，但都稳定在相近色的色调中，具有融合感，很整体。

配色 搭配秘籍

- C0 M0 Y0 K0
- C16 M5 Y15 K0
- C11 M10 Y31 K0
- C17 M18 Y46 K0
- C31 M18 Y13 K0
- C53 M66 Y67 K7

1. 空间中大部分的角色的色调都非常接近，塑造出稳定的整体感觉，虽然寝具使用了蓝色来强调主体地位，但色调也非常柔和，强化了配色的融合力。

- C0 M0 Y0 K0
- C34 M34 Y40 K0
- C58 M70 Y83 K23
- C75 M45 Y37 K0

2. 本案采用了靠近色调、重复性融合等方式加强卧室内各色彩角色的融合力，主角色明度最高所以主体地位稳固，使得卧室具有稳定的感觉。

1. 卧室内重点部分的色彩都采用了不同程度的灰色调，给人非常执着、统一的感觉。

- C0 M0 Y0 K0
- C55 M48 Y54 K0
- C41 M36 Y42 K0
- C29 M26 Y30 K0
- C18 M13 Y13 K0
- C100 M100 Y100 K100

2. 本案中的蓝色和黄色都采用了重复融合的方式，使卧室整体的融合感更强。

- C0 M0 Y0 K0
- C7 M5 Y18 K0
- C13 M5 Y57 K0
- C31 M16 Y14 K0
- C62 M35 Y30 K0
- C70 M80 Y90 K60

C0 M0 Y0 K0　C25 M22 Y12 K0
C100 M100 Y100 K100

1. 墙面和寝具都用了淡紫色，搭配白色和黑色，给人浪漫而又清雅的感觉，且非常执着、内敛。

C0 M0 Y0 K0　C7 M8 Y20 K0
C26 M40 Y33 K0　C17 M91 Y38 K0
C16 M25 Y19 K0　C64 M77 Y89 K47

2. 粉色系不同明度的色彩组合作为卧室软装主色，搭配柔和的墙面，给人柔和、内敛的感觉。

- **现代风**·塑造艺术气息的时尚卧室
- **简约风**·简约而不简单的最佳演绎
- **北欧风**·带给居住者纯净美的享受
- **田园风**·舒畅、自由氛围的私密体验
- **法式风**·缔造低调奢华的睡眠氛围
- **简欧风**·高雅而和谐的代名词
- **新中式风**·古典与现代的精粹融合
- **地中海风**·自由而奔放的居住体验

Chapter 3

色彩与百变卧室风格的完美融合

现代风·塑造艺术气息的时尚卧室

现代风格的卧室用色前卫而个性，配色设计大胆鲜明、对比强烈，具有特立独行的个人风格。色彩经常以棕色系列（浅茶色、棕色、象牙色）或无色系色彩（白色、灰色、黑色、银色、金色）等为基调色。其中白色最能表现现代风格简洁的一面，黑色、银色、灰色能展现现代风格的明快与冷调。

黑、白、灰的组合

将白色、黑色与灰色搭配作为卧室中的主要色彩，少量加入低彩度彩色，是比较经典的现代风配色方式，这种色彩组合方式具有浓郁的都市韵味，现代感强烈同时具有超强的个性。以白色或浅灰色作背景色黑色用在主要家具上适合小空间，而黑色或深灰色用在墙面上适合采光好的房间，为了避免沉闷感可以选择带有花纹的材料。

◀不同明度的灰色组合作为主色，少量白色、黑色点缀，具有浓郁的现代都市感。

◀柔和淡雅的灰色墙面搭配黑色家具以及白色寝具，给人高级而又现代的感觉。

白色和灰色为主的区别

将白色作为背景色，灰色为主角色黑色为配角色的情况下，整体感觉更明快。

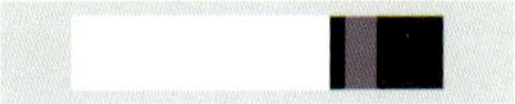

若将灰色和白色位置互换，用灰色作背景色时，整体感觉更柔和、更都市。

黑色做背景色和主角色的区别

将黑色作为背景色非常个性，但也容易使人感觉阴郁，须慎用，用白色作主角色可以减弱阴郁感。

灰色为背景色搭配黑色主角色时，是三种配色中最为柔和的，但仍然具有强烈的个性。

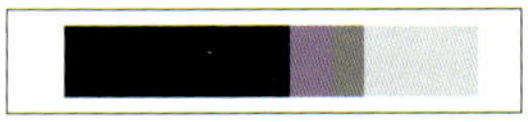

白色作背景色，黑色为主角色、灰色做配角色是最大众化和时尚的组合方式。

黑、白、灰＋高纯度彩色

以黑、白、灰中的两种或三种组合起来作为卧室的基调，搭配高纯度或接近纯色的彩色，作为主角色、配角色或者点缀色，能够塑造出夸张又个性的感觉，组合的色彩色相不同，整体氛围会随之变化。使用的彩色以白色作背景产生色调对比效果最刺激，若使用灰色或黑色更具高级感。

▲灰色墙面搭配白色作主色，接近纯色的绿色、红色、黄色加入，个性而现代。

黑白灰组合冷色和暖色的不同区别

黑、白、灰组合加入纯色或接近纯色的冷色或中性色，给人的感觉比较清新。

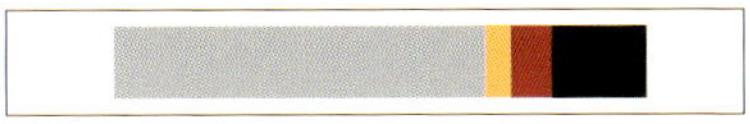

黑、白、灰组合加入纯色或接近纯色的暖色，给人的感觉比较活泼、热烈。

对比色组合

在黑、白、灰、棕的基调下，加入强烈冲击力的色相对比，是现代风格卧室的一个代表型配色方式。对比色可以是背景色与主角色的对比，也可以是主角色与配角色或点缀色的对比，用浓色调的对比色进行搭配更具有现代风格的特征，具有力度感但刺激感不强，如果加入白色物品或墙面会更明快。

◀棕灰色和白色组合的背景色下，浓色调的绿色和红色做主角色，黑色做配角色，具有极强的现代感。

◀白色和灰色为主的基调下，用高纯度的黄色和灰调的蓝色做对比，高级而现代。

强烈对比在卧室中适合点缀

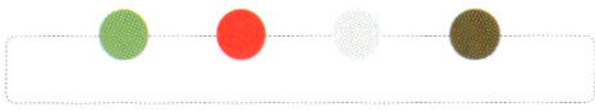

高纯度的对比色具有极强的冲击力，活力感也较强，卧室中适合做点缀。

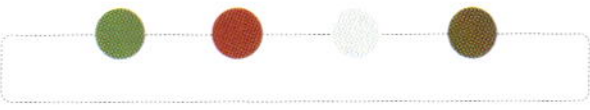

将一种或两种对比色改为浓色调后，活力感和冲击力都有所降低，可以大面积使用。

棕色系 + 黑、白、灰

棕色系的色彩包括茶色、棕色、象牙色、咖啡色等，组合黑、白、灰任意一种或多种塑造现代风格的卧室，具有厚重而时尚的基调，其中厚重感的多或少取决于棕色系色调的深浅，这种配色方式也是现代风卧室中最温馨的一种。

▲浅色调的棕色搭配中灰色以及白色，现代而又不乏柔和、温馨的感觉。

▲深色调的棕色搭配白色和黑色，厚重而又不乏明快感。

浅棕色和深棕色与黑、白、灰组合的区别

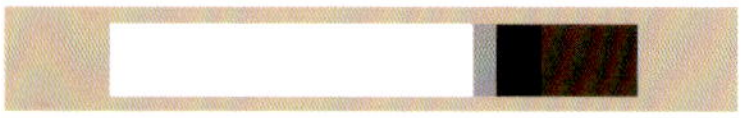

用浅棕色大面积使用组合黑、白、灰时，比较素雅、柔和。

用深棕色或暗棕色大面积使用，组合黑、白、灰时，比较厚重。

金色或银色

以现代风格具有代表性的黑、白、灰或者棕色系两种到三种组合作为基调，加入金色或银色塑造现代风格的居室氛围是比较前卫的配色方式。加入银色增添科技感，加入金色增添低调的奢华感。需要注意的是，卧室是休息的空间，银色、金色类的冷硬色彩不宜过多使用。

◀银色和浅金色的点缀，为素雅、现代的卧室增添了一些低调的华丽感。

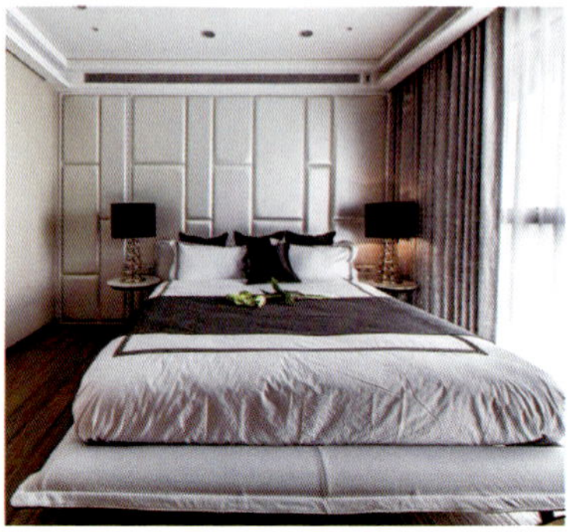

◀磨砂质感的银色背景，搭配黑、白、灰组合的软装，现代而又具有时尚感。

棕色系 + 其他彩色

在卧室中大量地使用棕色系来表现现代风卧室，特别是主色为暗色调的棕色时，少量地点缀一些纯色调的彩色可以减轻一些厚重感，少量地使用浓色调的彩色可与棕色形成稳定又不乏层次感的效果，如果觉得过于沉闷可以加入一些白色或米色与棕色临近做调节。

▶以浓色调及暗色调的棕色为主的卧室兼具厚重感和现代感，深蓝色和白色的加入调节了层次感。

棕色与冷色的搭配

棕色系与冷色属于对比色，当背景色使用的是深色调或暗色调的棕色时，使用冷色与其搭配可以增加一些活力，在其他部分不变的情况下，冷色色调的不同效果也会有一些差别。

当冷色的色调与棕色接近时，对比感会弱一些，具有协调感。

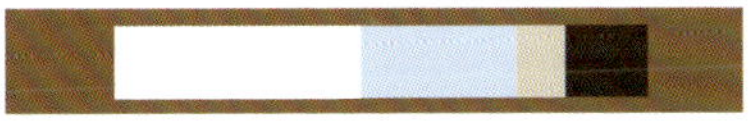

当冷色的色调与棕色相差较大时，对比感会强一些。

棕色与暖色的搭配

棕色系与暖色属于对比色，两者搭配会使棕色的厚重感和温暖感加剧，当深色调或暗色调的棕色面积比较大时，建议搭配高纯度或高明度的其他暖色，可以增添一些活力，如果搭配深色或暗色的暖色，容易显得过于沉闷。

用高纯度的暖色与棕色搭配时，高明度暖色的活力感比较显著。

用高明度的暖色与棕色搭配时，效果比较温馨。

卧室气氛不宜过于沉闷

使用棕色系来表现现代风卧室时，如果卧室的面积不大不建议将深棕色放在墙面上，容易产生压抑感不利于睡眠，可以将其用在寝具、床头柜或地毯上。若卧室的面积大且采光佳，可以在主题墙上使用深棕色或暗棕色，但建议采用带有花纹的材料。

▶带有花纹的棕色材料用在墙面上会显得更轻盈一些，避免沉闷感。

配色 搭配秘籍

C0 M0 Y0 K0
C42 M43 Y52 K0
C93 M88 Y89 K80
C11 M89 Y100 K0
C64 M71 Y16 K0
C62 M57 Y67 K7

1. 茶灰色、白色和黑色组成朴素的整体基调，而橙色和紫色的点缀色打破了这种朴素感，用强有力的对比为卧室增添了个性并强化了现代感。

C0 M0 Y0 K0
C100 M100 Y100 K100
C62 M57 Y67 K7
C43 M66 Y100 K4
C40 M82 Y0 K0
C75 M33 Y26 K0
C20 M4 Y88 K0

2. 墙面黑色为主多彩色组合的壁纸，与白色寝具搭配，具有极强的现代感，加入与墙面配色方式类似的靠枕做点缀，加强了卧室内的色彩搭配的整体感。

C0 M0 Y0 K0
C72 M68 Y71 K30
C26 M22 Y25 K0
C100 M100 Y100 K100
C37 M44 Y24 K0
C42 M77 Y93 K5

1. 以无色系中的黑、白、灰组合为主，搭配少量的其他色彩，塑造出具有个性感和时尚感的现代风卧室。

C0 M0 Y0 K0
C29 M23 Y22 K0
C73 M65 Y63 K19
C51 M38 Y35 K0
C6 M5 Y5 K0
C70 M80 Y90 K60

2. 以不同明度银色穿插白色为主的卧室，彰显出浓郁的现代感和前卫气质。

1

2

1. 不同明度的棕色系组合白色与深灰色，形成了明快的明度对比，背景色采用了镜面及渐变花纹材料，减弱了棕色系的厚重感，更适合卧室。

C0 M0 Y0 K0
C100 M100 Y100 K100
C66 M71 Y100 K42
C32 M48 Y79 K0

2. 将不同明度的棕色作为主色搭配暗金色和无色系，能够表现出具有厚重感和时尚感的现代风卧室。

C0 M0 Y0 K0
C28 M32 Y51 K0
C100 M100 Y100 K100
C44 M76 Y100 K7
C26 M36 Y97 K0
C57 M59 Y86 K10

C9 M10 Y14 K0
C65 M69 Y78 K31
C66 M71 Y100 K42
C41 M49 Y43 K0

C26 M33 Y44 K0
C5 M3 Y35 K0
C44 M49 Y72 K0
C59 M64 Y70 K12
C25 M57 Y100 K0
C48 M63 Y90 K7

1. 墙面以比较深暗的色彩作为背景色表现现代感时，为了减轻沉闷感，寝具可以使用高明度类型色彩。

2. 灰色调为主的房间中，使用少量高彩度的黄色做点缀，冲破了沉闷感并强化了现代氛围。

简约风·简约而不简单的最佳演绎

简约风格的色彩设计遵循简练、有效的原则。通常以黑、白、灰其中一种或组合为大面积主色，或搭配高纯度的色彩进行点缀，黄色、橙色、红色等高饱和度的色彩都是较为常用的几种色彩，这些颜色大胆而灵活，不单是对简约风格的遵循，也是个性的展示。

白色＋黑色或白色＋灰色

白色与黑色或者与黑色组合是比较经典的简约配色方式，与黑色组合时通常白色会大面积的使用，黑色作为主角色或配角色与其组合；白色与灰色组合时，如果灰色明度较高，大面积色彩可以根据所需效果选择，如果灰色的明度低，搭配方式可参考黑色。

◀白色大面积使用，少量灰色点缀，卧室给人纯净而简约的感觉。

◀白色大面积使用，黑色与其穿插组合，对比强烈给人明快而简约的感觉。

白色背景下黑色为主与灰色为主的区别

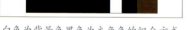

白色为背景色黑色为主角色的组合方式，让人感觉更具动感。

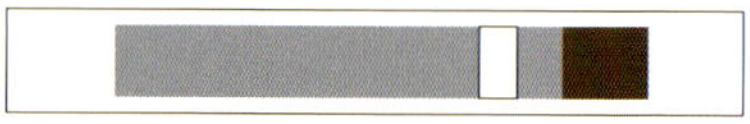

将黑色换位中度的灰色，整体效果更柔和、舒缓，非常素雅。

黑、白、灰组合

黑、白、灰三色组合，是最为经典的简约风格卧室配色方式，具有时尚而朴素的效果，虽然色彩数量少，但因为明度上具有层次感所以并不单调。三色的组合形式可以根据喜好及空间大小具体选择，其中以白色为主，搭配灰色和少量黑色的配色方式是最适合大众的简约配色方式，且对空间没有面积的限制。

▲黑、白、灰三色穿插的结合使用，塑造出简约、干练的卧室氛围。

黑、白、灰 + 暖色

用黑、白、灰三种颜色中的一种或组合来搭配暖色，包括红色、橙色、黄色、紫红色等其中的一种或多种，如果暖色为高纯度，能够塑造出亮丽、活泼的氛围，但建议小面积使用，否则容易让卧室配色过于刺激；若搭配低纯度的暖色，则具有温暖、亲切的感觉。

▲在素净的白色、灰色的世界中，浓色调的红色椅子特别引人注目，为原有素雅的卧室增添了活泼的感觉。

黑、白、灰与相同暖色搭配的区别

当将暖色做小面积使用时，它的色调对整体有影响，而当选定一种暖色做背景色或主角色时，分别搭配黑、白、灰做主角色或背景色，效果也是有区别的。将白色作为主角色效果更明快；将灰色作主角色使用，效果都市且具有柔和感；将黑色作为主角色更具有重量感。

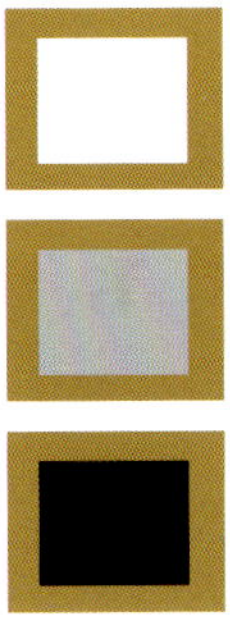

黑、白、灰 + 冷色

将黑、白、灰单独或组合使用，搭配蓝色、蓝紫色等冷色相，能够塑造出素雅、爽朗的卧室氛围。淡雅或纯粹的冷色给人清新的感觉，在卧室中可以大面积使用，而暗沉的冷色容易感觉阴郁，建议作为地面背景色或其他不占据主要位置的角色使用。

▲清爽、透亮的蓝色用在主题墙上，搭配深蓝色的床和白色的寝具，简约而清新。

黑、白、灰与相同冷色搭配的区别

相同的冷色，搭配白色更具清凉感；搭配灰色更冷峻，具有男性气质，搭配黑色则显得更沉稳。

黑、白、灰＋中性色

此种配色方式即为将黑、白、灰一种或多种组合做基调，搭配紫色或绿色。总的来说不同色调的绿色都有自然感，明亮的紫色浪漫，纯色或深色的紫色典雅、高贵，暗紫色过于个性，则不建议大面积使用。使用中性色来装饰简约卧室时，其氛围的变化主要取决于占据中心位置的是何种色彩，例如用白色寝具搭配绿色靠枕和灰色寝具搭配绿色靠枕就是有区别的。

▲带有一些灰色调的低明度紫色，与白色和灰色搭配，塑造出典雅而简约的卧室氛围。

▲淡绿色的墙面，搭配白色和灰色的寝具，清新而又带有一点自然感。

搭配紫色和绿色的区别

黑、白、灰为基调搭配紫色，紫色高雅、女性的特点显著。

黑、白、灰为基调搭配绿色，绿色自然、生机的感觉更浓烈。

中性色位置不同卧室氛围也有变化

即使是相同的绿色，当作为辅助性的点缀色或配角色使用与作为背景色使用时，两个卧室的氛围也会有微妙的变化，总的来说，占据主题墙位置的色彩具有主导作用。

◀白色和灰色为主，绿色作为点缀色使用，简约而又带有一点自然韵味。

◀当绿色用在主题墙上，灰色用在其他墙面白色为主角色时，绿色的特点更强烈。

黑、白、灰 + 多彩色

在黑、白、灰的基调下，单独使用一种彩色作辅助色或点缀色的情况并不多，大多数时候都会采用两种甚至更多的彩色来与素净的基调搭配，因为造型简约，色彩就需要更出众、更多样化一些，才能够满足大众的审美。

◀白色搭配蓝色作主色，点缀橙色，使略显单调的空间变得生动起来。

彩色的色相型决定了氛围

通常情况下白色或浅灰色大面积使用的情况较多，深灰或黑色多小面积使用，而多彩色之间的关系就决定了卧室的整体氛围，近似色组合稳定中具有层次感和微弱的活跃感；对比色具有极强的活跃性及张力，能够第一时间吸引人的视线；而若同时使用多种色相组合，是层次感最为丰富的配色方式。

▲黄色和蓝色为对比色，加入粉色接近于三角型配色，再穿插白色，虽然整体造型和布置很简约却非常活泼。

▲黑色为主角色和配角色，搭配蓝色的主角色以及灰调多彩色组合的背景色，沉稳而又具有低调的活泼感。

▲白色用作背景色、主角色及点缀色，搭配纯净的蓝色和与其为近似型的绿色，明亮、简约又舒爽。

同背景色下，彩色与白色组合更活泼

想要多彩色的活泼感更强，可以用白色为主来搭配。

用灰色或黑色为主时，多彩色组合的活泼感会降低。

配色 搭配秘籍

C0 M0 Y0 K0
C25 M19 Y29 K0
C40 M33 Y48 K0
C63 M61 Y63 K9
C48 M49 Y62 K0
C23 M21 Y29 K0

1. 白色搭配不同明度的灰调茶色，组合极简的造型，装点出简约而又朴素的卧室氛围。

C0 M0 Y0 K0
C100 M100 Y100 K100
C18 M13 Y13 K0
C57 M48 Y45 K0

2. 白色大面积的作主色使用，遍布背景色、主角色和点缀色中，黑色和灰色穿插在白色之中，塑造出具有经典感的简约卧室。

C69 M80 Y100 K59
C100 M100 Y100 K100
C0 M0 Y0 K0
C40 M32 Y31 K0
C11 M31 Y58 K0

1. 在无色系背景的环境下，粉色床品以明度取胜，主角色突出而主次分明，卧室整体就具有稳定的感觉。

C0 M0 Y0 K0
C26 M22 Y25 K0
C37 M62 Y92 K0
C100 M100 Y100 K100

2. 窗帘和寝具都使用了花色，不同的是寝具的底色是白色而窗帘的底色是木灰色，比较来说寝具的底色更明亮，也更引人注目，主体地位很突出。

1. 床及部分寝具选择了蓝色系，与淡米色的墙面组合，塑造出简约而清新的居室氛围。

C0 M0 Y0 K0
C10 M11 Y20 K0
C57 M37 Y22 K0
C100 M100 Y100 K100
C43 M0 Y17 K0
C63 M71 Y85 K33

2. 在黑、白、灰的基调下，橙色的活跃感非常显著，为简约空间增添了无限的活力感。

C24 M16 Y19 K0
C0 M0 Y0 K0
C23 M78 Y99 K0
C100 M100 Y100 K100

C0 M0 Y0 K0
C67 M68 Y75 K29
C46 M100 Y81 K14
C100 M100 Y100 K100

C50 M0 Y81 K0
C0 M0 Y0 K0
C61 M22 Y33 K0
C78 M84 Y85 K70

1. 将红色作为点缀色加入到无色系为主的空间中，打破了原有的单调感，为简约风卧室增添了一点艳丽感。

2. 卧室中的造型非常简洁、利落，为了让居室效果更引人注目，设计师用高纯度的近似型组合来装点空间。

北欧风·带给居住者纯净美的享受

北欧风格，是指欧洲北部国家挪威、丹麦、瑞典、芬兰及冰岛等国的室内软装设计风格。北欧风格的卧室色彩的使用非常朴素，很多人用“冷淡风”来定义北欧风格，可见其彩色设计的特点。其主色常见为白色、黑色、棕色、灰色、浅蓝色、米色、浅木色等，其中独有特色的就是无色系的使用，常以黑白或灰白两色为主，不加其他任何颜色，给人干净明快的感觉。

白色+黑色

纯净的黑白搭配，是北欧风格中比较经典的一种色彩搭配方式，能够将北欧风格极简的特点发挥到极致。最具北欧特点是纯粹的黑白组合，而随着北欧风格的广泛流传，逐渐发生了变化，通常是以白色做大面积布置，黑色做小面积使用，若觉得单调或对比过强，也可以加入木质家具或少量彩色做调节。

◀白色作背景色，黑色作主角色和配角色占据视线的中心位置，塑造具有明快对比感的北欧卧室。

◀在明快的黑白对比中间，加入与白色明度接近的淡米黄以及与黑色明度接近的暗蓝，柔化了黑白对比。

白色背景下黑色为主与灰色为主的区别

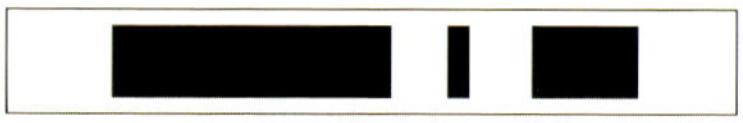

纯粹的黑白组合对比更明快，由于都是无色系内部的色彩，感觉更纯净。

加入浅木色后，白色和黑色之间有了明度上的缓冲，更柔和，适用人群更广泛。

白色+灰色

白色与灰色搭配也是具有代表性的北欧风格卧室配色之一，与白色搭配黑色相比，白色与灰色组合，仍然呈现简约感，但对比感有所减弱，要更细腻、柔和一些，整体较朴素。

▲灰色用在墙面和地面上，其他位置大量使用白色，少量点缀柔和的彩色，彰显北欧简约、素雅的一面。

黑、白、灰组合

白色、灰色、黑色组合，基本不加入其他色彩或少量点缀柔和色彩，此三种色彩实现了明度的递减，层次较前两种配色方式更丰富。这是最体现北欧极简主义的一种配色方式，大部分情况下是将白色大面积使用，灰色面积次之，黑色的使用面积最少，如果追求个性的感觉，可以加大黑色的使用面积。

▲卧室朴素而简洁，黑、白、灰穿插的结合方式，使卧室配色具有很强的整体感却并不感觉单调。

黑、白、灰 + 原木色

木类材料是北欧风格的灵魂，淡淡的原木色常以木质地板、家具或者家具边框呈现出来，多组合大面积白色或灰色，个性一些也可搭配黑色，是非常具有北欧特点的一种配色搭配方式。

▲原木材料的床搭配深灰色的背景墙以及白色为主的寝具，体现北欧风格的朴素感。

▲深茶色的原木色地面和椅子，搭配浅灰色的墙面和黑色的床，简洁而具有厚重感。

木类材料的色调决定整体感觉

北欧风格中的木色不会使用特别暗沉的种类，如暗棕、深棕等，多为浅色或浓色的木材，在黑白灰位置不变的情况下，使用不同的木质会对整体效果有微弱的影响，木材的面积越大，影响越多，如木地板。

浅色调的木质材料与黑、白、灰组合，朴素但具有一点温馨的感觉。

深色调的木质材料与黑、白、灰组合，朴素但更具有稳健、厚重的感觉。

黑 / 白 / 灰 + 多彩色

在黑、白、灰两色或三色的组合中，加入数量较多的彩色装饰卧室，例如蓝色、黄色、米色、绿色等，是北欧风格中比较具有活泼感的配色方式，这些彩色的纯度都不会太高，通常是淡色或加入灰色的浊色调，即使是对比色，也是柔和的弱对比，整体仍给人纯净的感觉。

▲黑、白、灰基调下，大面积地搭配一些柔和的彩色，仍具有北欧特点，但比起黑、白、灰的组合更雅致。

低彩度彩色符合北欧风格特征

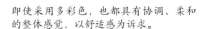

北欧风格中，对比色也多为低刺激的对比，相似色调或淡色和灰色调对比。

即使采用多彩色，也都具有协调、柔和的整体感觉，以舒适感为诉求。

黑 / 白 / 灰 + 单彩色

在黑、白、灰两色或三色的组合中，加入一种彩色点缀，能够为纯净的空间增加一点色彩，所营造的氛围主要取决于使用彩色的色相，加入蓝色或绿色具有清新感，加入暖色则温馨或活泼。

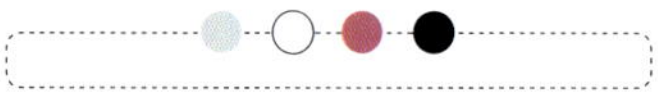

▲白色与黑色搭配的空间中，加入浊色调的粉色做点缀，表现出具有温柔甜美感的北欧风卧室。

黑 / 白 / 灰 + 原木色 + 多彩色

在黑、白、灰任意一色或多色与原木色组合的基础上，加入几种彩色点缀，是北欧风格卧室中色彩数量较多的一种搭配方式，因为有原木色的加入，比单独的黑、白、灰搭配多彩色的设计方式更柔和，所选择色彩的色调及数量决定了卧室的整体氛围。

彩色越多自然感越强

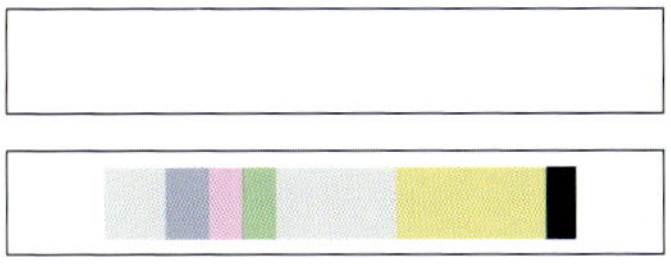

在基调组合中，加入的色彩数量越多，自然感越强，反之纯净感越强。

◀白色和浅灰色穿插用在墙面上，搭配浊色调的木质家具，点缀粉色为主的多彩色，犹如春风拂面。

黑 / 白 / 灰 + 原木色 + 单彩色

在黑、白、灰任意一色或多色与原木色组合的基础上，加入一种彩色，这种彩色可大面积使用，也可做点缀使用，其中淡蓝色和果绿色最具代表性，若搭配其他色相，特别是暖色时，需要注意避免过于刺激的色调。

▲浓色调的青色，搭配白色、浅木色和中灰色，朴素而柔和，彰显北欧风格极简特点。

▲原木色的同相色搭配蓝色的同相色，虽然色彩数量少，但并不单调，塑造出具有清新感的北欧卧室。

配色 搭配秘籍

C0 M0 Y0 K0
C40 M30 Y23 K0
C62 M52 Y54 K1
C100 M100 Y100 K100

1. 白色搭配不同明度的灰调茶色，组合极简的造型，装点出简约而又朴素的卧室氛围。

C0 M0 Y0 K0
C57 M48 Y45 K0
C44 M49 Y72 K0
C58 M37 Y36 K0

2. 白色大面积的作主色使用，遍布背景色、主角色和点缀色中，黑色和灰色穿插在白色之中，塑造出具有经典感的简约卧室。

C29 M23 Y22 K0
C0 M0 Y0 K0
C76 M67 Y97 K0
C36 M68 Y97 K0
C47 M91 Y54 K3
C65 M73 Y79 K39

1. 灰色组合茶色作为背景色，搭配白色主角色，具有典型北欧特征。少量彩色做点缀，增添了活跃感。

C0 M0 Y0 K0
C58 M49 Y46 K0
C59 M0 Y24 K0
C37 M62 Y92 K0
C19 M33 Y40 K0

2. 北欧风格给人的感觉是纯净的，白色、灰色和原木色的组合中加入淡蓝色，恰好能够更加凸显这种纯净的感觉，同时还具有清新感。

配色 搭配秘籍

C18 M13 Y13 K0
C0 M0 Y0 K0
C18 M26 Y17 K0

1. 卧室中浅灰色和白色占据大面积位置，而主角色选择了淡粉色，塑造出温柔而素雅的北欧风格居室氛围。

C6 M13 Y20 K0
C84 M64 Y27 K0
C0 M0 Y0 K0
C31 M9 Y48 K0
C11 M3 Y17 K0
C24 M40 Y89 K0

2. 蓝色、果绿色、白色、原木色和米色穿插组成卧室的主要色彩，充分体现出北欧风格卧室的自然感，以及使用色块分区的特点。

1

2

C9 M10 Y14 K0

C13 M22 Y91 K0

C79 M60 Y16 K0

C77 M72 Y84 K54

C0 M0 Y0 K0

C35 M89 Y76 K1

C24 M68 Y64 K0

C96 M80 Y31 K1

C4 M10 Y32 K0

C48 M54 Y62 K1

1. 用蓝色与黄色的对比色穿插白色作为卧室主要色彩，彰显出具有活力感和纯净感的北欧卧室。

2. 以白色作为主色，粉色、淡米黄色、深蓝色作为点缀色，活泼但不喧闹。

田园风·舒畅、自由氛围的私密体验

田园风格没有严格的定义，各个国家的田园风格都有其独特的特点。总体来说田园风格家居都给人亲切、悠闲、朴实的感觉，其色彩设计核心就是回归自然。这种家居风格的色彩均源自于大自然中花朵、树木、蓝天及泥土的颜色，例如绿色、黄色、粉色、大地色系等，最主要的特征就是舒适、惬意。

绿色 + 大地色 + 白色

绿色和大地色都是具有代表性的田园色彩，同时搭配白色塑造田园气氛，在自然韵味中可以增添一些纯净的感觉，实际运用中，需要根据想要塑造的氛围来以及卧室的面积和采光，来决定三种色彩的使用位置和面积。

◀将白色作为大面积色彩做主导，穿插搭配绿色和大地色，纯净而清新，是韩式田园最长用的配色法。

◀将大地色大面积使用，白色为主角色，绿色点缀时，卧室显得更具有大地色厚重、朴实的感觉。

绿色主导和大地色主导的区别

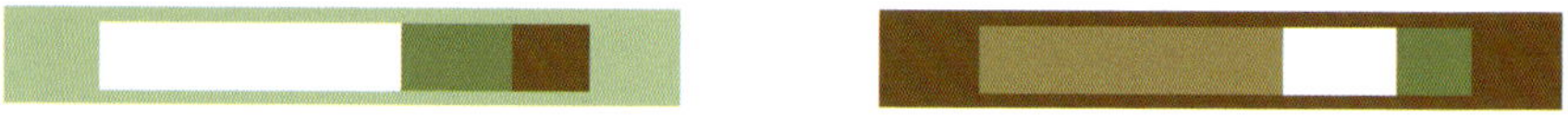

绿色大面积使用时清新、悠闲的感觉更强；大地色大面积使用亲切、朴实。而选择色彩色调如果发生变化，整体感觉也会有微妙的变化。

绿色 + 大地色 + 米色

将绿色 + 大地色 + 白色中的白色部分换成米色或全部换成米色，比前一种配色方式会更柔和一些，可以将米色用在主题墙、窗帘或者主角色上，再穿插搭配绿色和大地色，白色对一些人来说可能会感觉比较刺眼，比如老人。

▲床头背景墙使用米色和绿色，搭配大地色的床和地板，具有安逸而质朴的感觉。

绿色 + 红色 / 粉色

绿色与红色或粉色搭配象征绿叶与花朵，但绿色与它们组合的时候纯度不能过于类似，否则表现不出花朵欣欣向荣的感觉，当此种组合方式通过花朵图案表现出来时，自然感会更加强烈。

▶淡雅的粉色装饰墙面，搭配绿色的床和白色为主的寝具，具有甜美而自然的氛围。

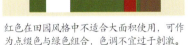

绿色主导和大地色主导的区别

田园风格中如果大面积使用粉色，最佳色调是淡色、浅色或略带灰色的淡色或浅色。

红色在田园风格中不适合大面积使用，可作为点缀色与绿色组合，色调不宜过于刺激。

绿色 + 黄色 + 白色

用具有浓郁田园气息的绿色组合与其为近似型的黄色，具有温暖、惬意的感觉，如果绿色中略带黄色调，会更具协调感，而后再加入部分白色，就具有低调的活泼感，犹如置身于秋季的田园，有满满收获的喜悦，若觉得单调，可以加入大地色放在地面或部分家具边框上丰富层次感。

过于鲜艳的黄色不适合田园风格

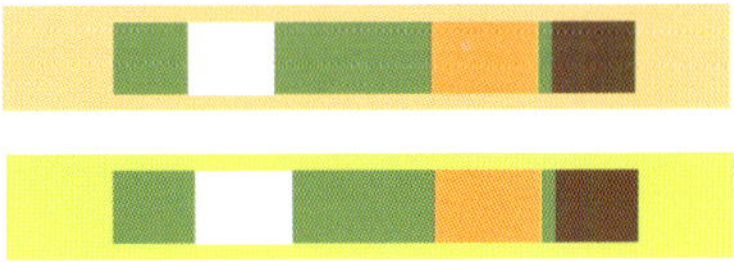

鲜艳的纯色调黄色即使与绿色搭配也具有刺激的感觉，不适合田园风格的卧室使用。感觉也会有微妙的变化。

◀自然界中的黄色多为柔和的色彩，例如谷穗、花朵，所以表现田园风卧室与绿色搭配的黄色不宜过于鲜艳。

绿色 + 多彩色

绿色同时与多种彩色组合的田园风卧室配色方式，整体氛围取决于搭配色彩的总体数量，适合同时与绿色搭配表现田园韵味的色彩有黄色、粉色、大地色、红色、白色、米色等，需要注意色彩的主次。

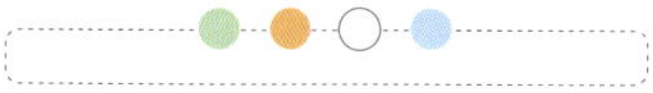

▶深米黄色用在墙面上，搭配绿色、粉色、白色、蓝色等多彩色，使卧室具有春天柔和而充满希望的感觉。

大地色 + 白色 + 米色

这是不改变大地色系素雅、亲切的色彩印象，同时又能增添一些明快感和柔和感的田园配色方式。白色或米色可以用在墙面上，搭配大地色系的家具就非常舒适。

▲大地色系的做旧木料以及皮料，搭配白色的墙面，塑造出具有朴素感的田园卧室。

▲大地色用在地面、窗帘及寝具上，搭配米色的墙面和家具，塑造出具有柔和感的田园氛围。

大地色的位置决定整体氛围

选择深色的大地色占据大面积时，整体感觉比较质朴和厚重。

将米色和白色大面积使用，大地色小面积使用时，比较朴素、雅致。

大地色＋多彩色

以大地色为主要色彩，同时搭配三种或三种以上的彩色，是兼具亲切感和自然感的田园风格卧室配色方式。如果是淡雅的彩色，可选择一种作为墙面色彩搭配大地色的家具或地面其他做点缀；如果是深一些的彩色，适合以米色、白色或大地色为墙面色彩，多彩色做点缀。

▲大地色用在家具上，搭配米黄色、绿色、粉色、蓝色等多种色彩，质朴中蕴含丰富的层次感。

▲淡淡的绿色用在墙面、大地色的地面和家具搭配白色和多彩色组合的布艺，田园气息浓郁。

大面积色彩主导整体氛围

在其他色彩基本不变的情况下，以大地色做背景色以及用其他彩色做背景色，整体效果是有一定差异的，大地色为主更亲切，而彩色为主更柔和。大地色与多彩色的组合中适合作背景色的彩色有绿色、黄色、粉色、米色，蓝色等冷色不太适合大面积使用。

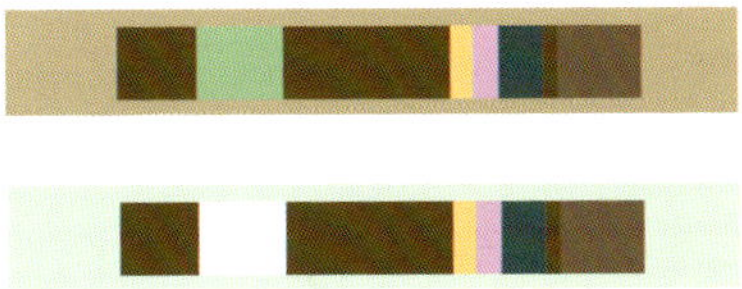

大地色＋白色＋浅灰色

这种组合方式灰色的色调很重要，淡色或浅色最合适，如果色调较深很容易失去田园的感觉，它适合的位置是墙面或者寝具，搭配白色或大地色家具，以及大地色的地面，就具有朴素、柔和的田园氛围。

▲白色的墙面、浅灰色和淡灰色的条纹壁纸，搭配大地色的家具、地面，朴素而亲切。

▲白色的顶面、家具搭配淡灰色的墙面以及大地色的地面，具有清新、唯美的感觉。

配色 搭配秘籍

C0 M0 Y0 K0
C6 M17 Y28 K0
C11 M3 Y17 K0
C56 M73 Y100 K27
C74 M69 Y80 K42

1. 经典的田园配色搭配带有森林和鸟类图案的壁纸，塑造出具有亲切、朴素及惬意感及少许童真的卧室氛围。

C0 M0 Y0 K0
C56 M73 Y100 K27
C62 M34 Y92 K0
C34 M15 Y60 K0
C23 M29 Y49 K0
C35 M39 Y37 K0

2. 自然类的材质，配以大地色系与白色、绿色、粉色的色彩组合方式，通过色彩和材质的双重组合，使卧室中充满了浓郁的田园气息。

C0 M0 Y0 K0
C18 M8 Y22 K0
C56 M73 Y100 K27
C84 M64 Y27 K0
C1 M96 Y97 K0
C47 M24 Y84 K0

1. 绿色、白色和大地色穿插组合塑造具有田园气息的基调，而后搭配蓝色和红色组合的寝具，增添低调的活泼感和品质感。

C0 M0 Y0 K0
C1 M12 Y15 K0
C31 M9 Y48 K0
C70 M84 Y85 K62
C62 M34 Y92 K0
C64 M15 Y31 K0

2. 大面积的色彩均采用了柔和的浅色调，家具及少量点缀色采用深棕色，让田园风卧室惬意而又具有明快的节奏感。

C0 M0 Y0 K0
C21 M5 Y33 K0
C10 M24 Y28 K0
C9 M12 Y19 K0
C41 M65 Y83 K2

1. 用粉色为主的条纹布艺，搭配带有淡绿色花纹的壁纸，塑造出具有甜美感的田园风卧室。

C0 M0 Y0 K0
C53 M22 Y86 K0
C56 M75 Y100 K30

2. 绿色和棕色都是典型的田园色彩，将它们组合起来穿插少量白色，惬意而舒畅。

1. 淡雅的蓝绿色搭配白色和少量肉粉色，搭配曲线造型的家具款式，具有韩式田园的唯美感。

C0 M0 Y0 K0
C17 M14 Y26 K0
C40 M10 Y35 K0
C48 M57 Y69 K2

2. 粉色与绿色为主色，搭配少量白色构成了卧室内的主体部分配色，塑造出清新、唯美的田园风。

C0 M0 Y0 K0
C31 M9 Y48 K0
C13 M38 Y11 K0

法式风 · 缔造低调奢华的睡眠氛围

法式风格家居设计讲求心灵的自然回归，配色均具有高贵典雅的感觉，同时又具有舒适的田园之气。法式家居常用洗白处理搭配具有华丽感的配色，洗白手法具有内敛特质与风情，配色以白、金、深色的木色为主调。家具多为木质框架且结构粗厚，多带有古典细节镶饰，彰显贵族品位。

黑、白、灰组合

无色系中黑、白、灰两种或三种组合为主，点缀少量彩色或搭配大量大地色的配色方式，是法式风格卧室色彩设计中比较具有个性的一种，多采用的是宫廷风的装饰，黑色和灰色主要运用在家具上，会结合一些带有显著特点的材料，例如丝绒或带有变换感的布艺，搭配金色或银色的边框。

◀黑白穿插结合大面积使用，加入纯色调的黄色作为配角色和点缀色，烘托出个性的法式卧室氛围。

◀棕色作为背景色和主角色搭配黑色、白色和少量灰色，为复古氛围中增添了一些时尚和个性。

紫色

法国以浪漫而闻名世界，与其他风格不同的是，最具浪漫气息和女性气质的紫色经常被使用，淡色调或浊色调的紫色最常大面积使用，前者浪漫感更浓郁，后者显得更华丽一些；暗紫色用在家具上，用量较少，紫色多搭配白色或近似色组合，紫色的组合中少见刺激感的对比，不符合浪漫的诉求。

氛围取决于紫色搭配的颜色

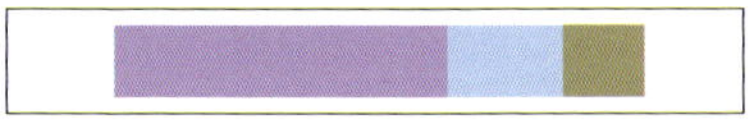

白色大面积使用搭配紫色时，给人的感觉是浪漫而纯净的。

如果将背景色换成淡米黄色，给人的感觉就更温柔。

◀白色搭配紫色为主，加入米白色和与紫色为近似型的蓝色，塑造出具有高雅感和浪漫感的法式卧室。

粉色

具有甜美感和浪漫感的粉色也常被运用在法式家居中，在女孩儿房中是出现频率较高的一种色彩，如果是用在成人房间中多使用的是浓色调或深色调，作为配角色或点缀色出现。

▲各种色调的粉色做同相型组合，搭配柔和淡雅的淡米黄色，浪漫而纯真。

▲以温柔的米黄色为基调，软装饰使用浓色调的粉色和蓝色，具有童话般的感觉。

粉色宜避免纯色调

法式风格的设计宗旨是营造浪漫而高贵的氛围，虽然粉色整体的感觉是天真而浪漫的，但纯色调的粉色还是具有刺激的感觉，不适合用在法式卧室中。

金色或银色

金色是法式风格中比较常见的一种颜色，在法式风格的卧室中金色最长见于床、柜子或沙发的边框，以及各种灯具等装饰品上，这种金色并不庸俗也很少奢华，都具有低调的典雅的感觉，很多时候金色也会用银色来代替。

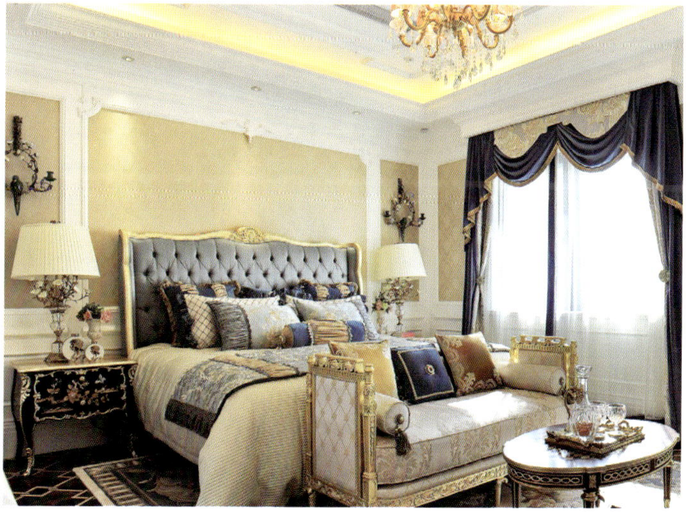

▲金色边框的精美造型家具，为法式风格卧室增添了低调的奢华感。

绿色

法式风格有充满田园气息的一面，因此绿色也比较常用，在法式卧室中，绿色多与大地色组合使用，塑造兼具亲切感和自然气息的居室氛围，为了烘托自然韵味，经常会搭配黄色、红色、粉色使用，但色相对比不会太激烈。

▲绿色采用不同的明度做同相型搭配，与白色、淡黄色构成整体，具有春天般万物复苏的气息。

蓝色、青色

蓝色为主的法式居室具有高雅而清新的感觉，也是比较具有代表性的法式卧室配色方式之一，蓝色或青色多采用淡雅柔和的色调，淡色或浊色，柔和不冷冽的感觉，有很多时候蓝色也会用青色来代替，营造一种清爽中带有一点自然感的感觉。

▲米色和白色作为背景色的主色，蓝色通过软装呈现，赋予卧室清新而又浪漫的氛围。

▲蓝色与黄色属于对比色，而用淡米黄搭配浊色调的蓝色和白色，仍然具有一点活泼感但柔和又清新。

蓝色常用为柔和的色调

淡雅或带有一点灰调的蓝色，虽然也冷冽但更柔和，但更适合大面积地用在法式卧室中。

大地色

大地色可以说是法式风格中使用频率最高的一种色彩，其他典型配色中它常用在地面部分，在将它作为主要色彩使用时，通常是用木质材料或布料呈现出来，为了避免沉闷感可以搭配一些浅色做调节，这种配色具有厚重感和传统感。

▲厚重的深棕色搭配黑色和白色，具有亲切而朴素的又不乏高贵感。

▲不同明度的大地色用在墙面、寝具和地面上，搭配蓝色和橙色组成的点缀色，高雅而带有一点活力。

氛围取决于搭配的色彩

在同样以大地色作背景色的情况下，可以看出所搭配的色彩不同，整体感觉也是有变化的，虽然同样具有厚重感，但搭配无色系更朴实，而搭配彩色更生动、活跃一些，可根据需要具体选择。

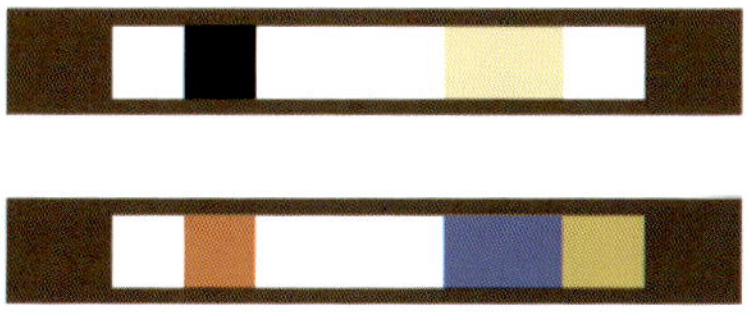

大地色＋白色

白色作主要色彩，可用在顶面、墙面甚至家具上，大地色用在地面或作点缀色，基本上不加入其他色彩，或少量使用浅灰色，这是最具朴素感的法式卧室配色方式。

▲白色用在顶面、墙面、家具和寝具上，搭配大地色的地面和点缀色，朴素而高雅。

▲除地面使用的是浅浊色调的大地色外，其他部分均使用白色，给人纯净的浪漫感。

配色 搭配秘籍

C0 M0 Y0 K0
C8 M12 Y37 K0
C28 M37 Y93 K0
C93 M83 Y33 K1
C100 M100 Y100 K100
C56 M81 Y100 K36

1. 以各种色调的大地色、白色和少量暗蓝色为主要色彩，少量黑色点缀，塑造出具有法式宫廷气质的高贵、奢华的卧室氛围。

C18 M20 Y49 K0
C68 M70 Y46 K3
C0 M0 Y0 K0
C22 M29 Y0 K0
C36 M10 Y20 K0
C56 M81 Y100 K36

2. 将不同明度的紫色作为主色用在背景色和主角色上，搭配柔和的米色、清新的蓝灰色和厚重的棕色，浪漫而层次丰富。

C0 M0 Y0 K0

C84 M64 Y27 K0

C24 M40 Y89 K0

C31 M9 Y48 K0

C6 M13 Y20 K0

1. 白色大面积使用，搭配海蓝色作主角色，塑造出高雅而又纯净的法式卧室氛围，为了避免过于冷清，地面使用了深米灰增添一点柔和感和温馨感。

C0 M0 Y0 K0

C4 M6 Y20 K0

C21 M31 Y48 K0

C85 M76 Y58 K25

C83 M80 Y82 K67

C31 M10 Y4 K0

2. 白色用在顶面、墙面以及家具和布艺上，穿插部分暗蓝色，点缀少量棕色和金色，塑造出纯净而不乏典雅感的法式气质卧室。

C9 M10 Y14 K0
C20 M32 Y42 K0
C24 M52 Y48 K0
C100 M100 Y100 K100

C0 M0 Y0 K0
C72 M82 Y83 K62
C3 M17 Y29 K0
C29 M20 Y8 K0
C100 M100 Y100 K100
C26 M22 Y50 K0

1. 将不同明度的粉色与白色组合装饰卧室，展现出法式风格浪漫、甜美的一面。

2. 以大地色作墙面背景色塑造具有厚重感的法式卧室，搭配蓝色为主的寝具使整体配色的轻重更平衡。

1. 以不同明度的紫色与绿色和浅茶色组合，搭配法式造型，塑造出浓郁的法式风情。

C0 M0 Y0 K0
C14 M17 Y6 K0
C77 M100 Y28 K0
C30 M39 Y1 K0
C63 M47 Y75 K3
C39 M50 Y65 K0

2. 以大地色系为主展现法式风格的古典感时，可以加入类似色调的蓝色做调节。

C0 M0 Y0 K0
C52 M64 Y75 K8
C64 M83 Y87 K53
C90 M78 Y62 K35

简欧风·高雅而和谐的代名词

简欧风格用现代简约的手法和现代的材料及工艺重新演绎欧式风格，仍然具有传承的浪漫、休闲、华丽大气的氛围，但比传统欧式更清新、内敛。色彩设计高雅而和谐，色调多以淡雅为主，最常见的是以浅色为主深色为辅的搭配方式，白色、象牙白、米黄等是比较常见的主色。

白色/象牙白+米色

以白色或象牙白作大面积色彩使用，包括顶面、墙面甚至是家具和寝具，或少量点缀柔和的彩色，整体给人淡雅而柔和的感觉，是此类配色的特征，欧式特征依靠墙面及家具造型体现。

▲灰色用在主题墙上，搭配白色的顶、白色和黑色穿插的家具，配色上表现出简欧现代和时尚的一面。

▲以白色和灰色结合作为主要色彩大面积使用，黑色和少量绿色点缀，素雅而具有欧式的大气美。

具有稳定感和内敛感的配色方式

略带层次感的配色方式

黑、白、灰

黑色、白色、灰色中的两种或三种组合作为卧室主要色彩的简欧配色方式，白色通常占据的面积较大，不仅用在背景色上，同时还会用在主角色上，分别搭配无色系的黑色或灰色，或同时搭配黑色及灰色，有时少量点缀一点低彩度的彩色，效果大气而不乏时尚感。

▶以白色和灰色结合作为主要色彩大面积使用，黑色和少量绿色点缀，素雅而具有欧式的大气美。

白色 + 银色 / 金色

此种简欧卧室配色方式是将白色与一些银色或金色放在一起，作为卧室中心部分的重点色彩使用，效果具有低调的华丽感，银色通常是光亮的质感，而金色并不使用具有庸俗感的亮金，而是具有高贵感和品质感的暗金、浅金等。

◀银色与白色结合大面积使用，搭配少量黑色和一些墨绿色，高贵而具有低调的华美感。

◀金色和白色组合用在卧室的中心部分，虽然金色使用面积很大，但采用了多种材质，华丽但不单调。

其他部分配色根据卧室面积选择

如果卧室面积小，在白色与银色或金色的周边可选择白色等浅色；若卧室面积较大，除了浅色外，还可采用较深的色彩。

白色 / 米色 + 暗红

将米色或白色与暗红搭配，或同时使用白色和米色与暗红组合，若追求稳定感，可以用象牙白代替白色与米色组合，这种配色方式复古外还带有一点明媚、时尚的感觉。在组合中，适当地加入一些其他的无色系可以调节层次感，大卧室中暗红色可用在墙面上，小卧室中暗红色可以用在家具或寝具上。

适合简欧风格的暗红色组合

◀暗红色用在背景墙上，搭配白色的床以及米灰色为主的寝具，华丽、复古而又具有活力。

冷色系

简欧风格中，最常用的冷色系是蓝色，其他还包括蓝紫色和青色，它们主要有两种配色方式，一种是与白色、米色等浅色搭配在一起，另一种是与大地色搭配在一起，无论哪一种方式，蓝色或蓝紫色多为明色调或淡浊色调，暗色系比较少用。此类色彩组合能够形成一种别有情调的氛围，高贵还兼具清新感。

▲淡雅暖色为主的卧室中增加了两个蓝色靠枕以及一张蓝色的休闲椅，增添了一些清新的情调。

▲灰色和大地色组合很容易让人感觉沉闷，搭配蓝色的寝具可以减弱这种沉闷感，使效果更舒适。

适合简欧风格的冷色系

绿色

简欧风格中绿色的使用方式与蓝色类似，多是或与浅色或与大地色组合，但比起蓝色的冷清感来说绿色是一种弄没有冷感的清新。这里的绿色多柔和，基本不使用纯色。可以加入两者的同类色来丰富层次，例如黑色、米黄色、米色、蓝色等。

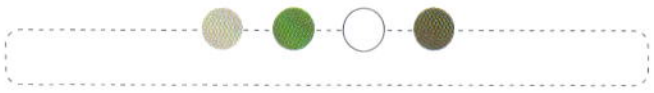

▶淡雅暖色为主的卧室中增加了两个蓝色靠枕以及一张蓝色的休闲椅，增添了些许清新的情调。

紫色、紫红色或粉色

紫色、紫红色或粉色在简欧风格中使用时多与白色做接近白色的浅色组合，其中紫红色或粉色使用较多，它们可以用在部分墙面上，也可作为配角色或点缀色使用，这种配色方式倾向于女性化一些，效果更大气也更浪漫。可以将金色或米黄色少量地加入进来，能够使整体配色感觉更华丽一些。

适合简欧风格的紫色系

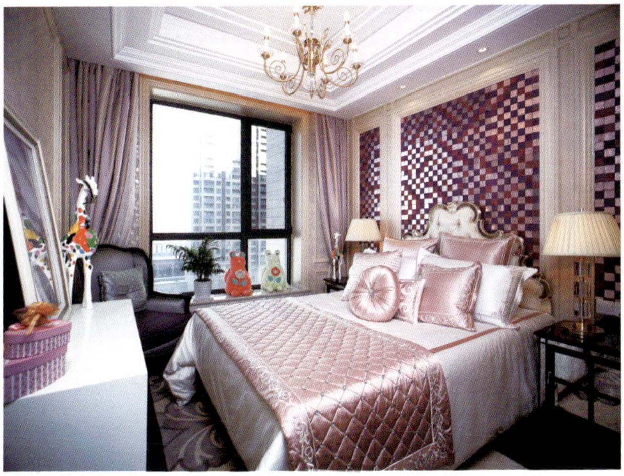

◀紫红色和粉色马赛克穿插装饰在墙面上，搭配粉色和白色组合的寝具，浪漫、甜美而又具有动态美。

大地色

使用大地色的简欧卧室，通常都具有厚重、古典的感觉，适合面积大的卧室。配色方式有两种，一是较色调对比大的，与白色、米色、象牙白等浅色组合；另一种是色调差小，整体感觉厚重的，与灰色或不同色调的大地色相组合。这两种配色方式，如果觉得单调，可以少量加入其他色彩使配色更丰富。

大地色的不同组合方式

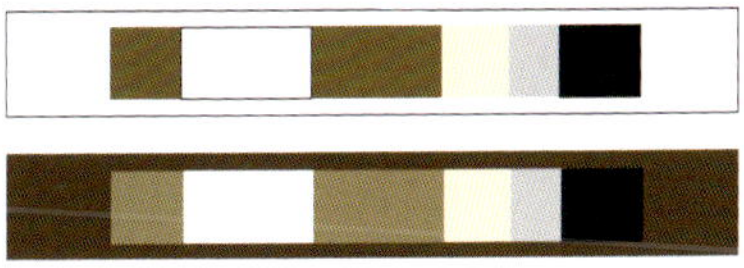

◀金色和白色组合用在卧室的中心部分，虽然金色使用面积很大，但采用了多种材质，华丽但不单调。

配色 搭配秘籍

C0 M0 Y0 K0

C16 M22 Y46 K0

C43 M17 Y4 K0

C29 M23 Y22 K0

1. 温柔的米黄色作为主要色彩，搭配白色和中灰色，再点缀少量淡蓝色，体现出简欧风格配色设计的连续性和层次感，效果复古但不沉闷。

C0 M0 Y0 K0

C57 M48 Y45 K0

C40 M32 Y31 K0

2. 配色用大面积的灰、白组合，材质以丝质搭配镜面材料，塑造出更具简约感和现代感的简欧卧室。

C0 M0 Y0 K0
C20 M21 Y41 K0
C72 M14 Y10 K0
C49 M75 Y100 K16

1. 无论色彩的搭配方式，还是家具的造型，都十分柔美雅致，配色与简化的欧式造型融为一体，既能体现古典美，又具有现代生活的便利性。

C0 M0 Y0 K0
C53 M95 Y98 K37
C100 M100 Y100 K100
C18 M13 Y13 K0

2. 墙面为大面积暖色，家具的色彩搭配比较明快，采用白色搭配少量棕色和深蓝色，既在色系上与墙面有部分呼应，又避免了沉闷感。

1

2

1. 墙面被咖啡色系占据，家具的搭配则清新一些，采用白色组合绿色，让色彩的轻重平衡，观感更舒适。

C0 M0 Y0 K0
C16 M22 Y46 K0
C29 M13 Y33 K0
C59 M64 Y84 K30

2. 柔和的浅米黄色塑造出温柔基调，少量的紫色加入时使温柔感明确，白色点缀增添层次感。

C0 M0 Y0 K0
C9 M15 Y28 K0
C43 M63 Y28 K0

C0 M0 Y0 K0　C50 M46 Y47 K0
C100 M100 Y100 K100　C70 M78 Y100 K58

1. 简化的欧式特点造型软装以黑色、白色以及金、银组合的搭配方式呈现出来，显得庄严而不呆板。

C0 M0 Y0 K0　C25 M25 Y25 K0
C66 M55 Y9 K0　C87 M100 Y52 K23

2. 紫色在空间软装中占据的面积最小，但在大面积白色的衬托下却引人注目，为素雅的新古典氛围增添了一丝典雅感和高贵感。

新中式风·古典与现代的精粹融合

新中式风格不是简单的复古，它是对中式古典风格的提炼，其色彩搭配有两种常见形式，一种是以苏州园林和京城民宅的黑、白、灰色为基调，搭配米色或棕色系做点缀，效果较朴素；另一种是在黑、白、灰基础上以皇家住宅的红、黄、蓝、绿等作为点缀色彩，此种方式对比强烈，效果华美、尊贵。

白色 + 灰色 + 棕色

此种新中式配色方式整体效果朴素而雅致，给人一种具有禅意的意境，所以通常不会加入其过于艳丽的色彩，如果想要层次更丰富一些，可以少量加入黑色或米色做调节。在配色时，可以根据居室的大小来选择背景色，如果面积不大建议大量使用白色；如果想要亲切一些，可以加大棕色的使用面积；大量使用灰色则更个性、现代一些。

◀主题墙、家具使用深棕色，寝具采用白色和灰色组合，棕色的厚重感占主导。

◀不同明度的灰色占据中心位置，地面搭配浅棕色，个性而又具有古典气质。

白色 + 米色 + 棕色

这是具有柔和感和细腻感的新中式配色方式，若卧室面积小一些，可以将白色或米色作背景色处理，搭配棕色作主角色或配角色；若面积足够宽敞，可适当扩大棕色的使用面积，使效果显得更复古、更厚重，如果觉得过于单调可以少量加入柔和的彩色做调节。

◀白顶、白墙、白色寝具搭配米色地面和深棕色家具，简约而具有古雅的韵味。

◀白色和浅棕色用作背景色，米色作主角色占据中心位置，体现出新中式风格细腻的一面。

大面积色彩决定整体氛围

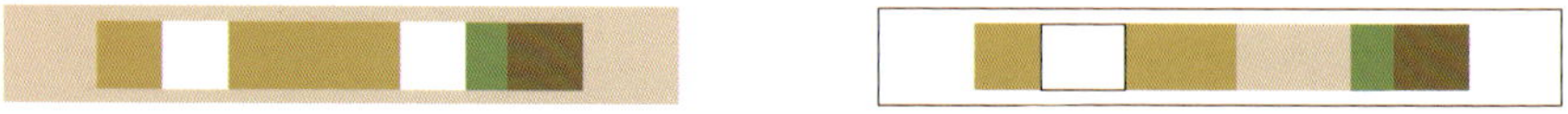

此种配色的氛围取决于大面积色彩的类型，将白色、米色或大地色分别大面积使用，形成的效果虽然都柔和，但细腻程度是有区别的。

黑、白、灰组合

黑、白、灰三色中的两色或三色组合作为配色主角，是源于苏州园林的新中式配色方式。装饰效果朴素，具有悠久、沧桑的历史感。可以加入同为无色系的金色或银色，塑造具有低调奢华感的效果；还可以将部分白色用米色取代，增添一些柔和感。

▲黑、白、灰穿插搭配，加入一些柔和的大地色，搭配中式造型，素净而雅致。

▲白顶、浅灰色墙面搭配灰色和黑色组成的家具，简约、干练而不乏古雅的意境。

米色可增加柔和感并不改变整体氛围

以黑、白、灰为基调装饰新中式卧室，效果是非常朴素而又具有一些个性的，这种纯粹的无色系配色比较适合年轻一些的居住者，而中年人或老年人会觉得过于冷清，可以将米色加入进来，不喜欢过于柔和可仅在部分墙面或寝具使用米色，如果喜欢柔和一些可以加大米色的使用面积。

两种方式都适合喜欢朴素感的居住者，但米色使用得越多，柔和感越强。

蓝色或青色

蓝色或青色属于中国古代的皇家住宅中的配色，特别是青色在古时候用得比较多，与红色和黄色相比，在新中式风格中使用冷色能够体现出肃穆的尊贵感。这两种颜色在新中式风格中使用时，如果不搭配对比色很少采用淡色或浅色，浓色调最常用。

▶白色为主，搭配少量灰色和淡蓝色，组合简洁的新中式造型，卧室氛围清新而又不乏古韵。

红色或黄色

红色和黄色在中国古代代表着喜庆和尊贵，是具有中式代表性的色彩。新中式家居中最常用丝绸、布艺等呈现出来，颜色可以是纯色也可以是浓色调，能够具有华丽感的色调，多作为点缀色使用。红色和黄色如果大面积使用很容易使人感觉烦躁，将其与靠枕、摆件等结合最具协调感。

▶在素雅的卧室中，加入多处浓丽的红色做点缀，增添了一丝富贵和华丽。

红色和黄色使用时宜注意色调

在新中式风格的卧室中使用红色和黄色，需要注意色调，纯色调或接近纯色调的艳丽色彩由于过于刺激和活泼不太适合用来表现古典的感觉，红色适合浓色调或深色调，黄色除了这两种外，淡色调也可使用，但尊贵感减少更鲜嫩一些。

左图红色和黄色过于鲜艳给人刺激感，后者降低明度后的黄色和红色才更具古典、尊贵的感觉。

紫色

在新中式风格的配色中，紫色使用的比较多，紫色在一些朝代中也属于尊贵的皇家颜色，所以使用它能够为空间增添一些尊贵感和神秘感，如果觉得特别个性可以搭配少量的紫红色做调节。淡色或浅色的紫色过于浪漫，基本不会在新中式风格中使用，多为浊色、浓色或暗色。

▲浓色调的紫色搭配大地色和米色，具有高贵而优雅的感觉。

▲深紫色虽然用量不多，但放在了占据中心位置的主题墙中央，它就成了主导。

绿色

新中式家居中，绿色多作为点缀使用，在黑、白、灰或棕色为主的配色中加入绿色能够增加平和感，使整体效果更舒适，色调同样要避免过于淡雅，加入一些灰色或黑色调更符合风格特点。可以选择略带一点黄色的绿色，特别是丝绸材料的布艺，更符合新中式风格的意境。

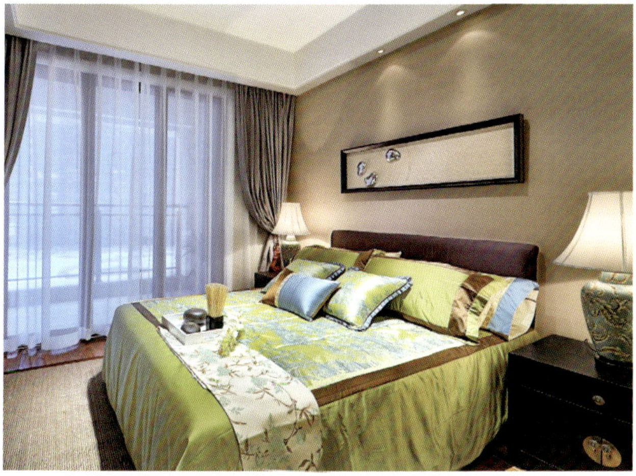

▲浓色调的绿色通过丝绸材质表现出来，这样的寝具给棕色为主的新中式卧室增添了惬意感和少许自然韵味。

纯度或明度低的绿色适合新中式

绿色在新中式风格中属于辅助色，很少大面积的使用，多作为配角色或点缀色等，为了符合新中式古典而雅致的底蕴，建议选择高明度的淡色调或淡浊色调，或者低明度低纯度的色调，总的来说就是具有柔和感的色调最佳。

上图中的绿色比较刺眼，不符合新中式的意境；下图中具有柔和感的绿色更具有雅致感。

近似型

最常采用的近似型组合是红色和黄色，是将两种典型的代表色结合，尊贵、华丽的感觉非常强烈。通常为点缀色与大地色系或无色系搭配，两色的色调可以靠近也可拉开差距。如果想在传统氛围中增加一些清新感，则可以使用蓝色或青色与绿色组合的近似型。

◀在简约造型的卧室中，加入一组红、黄、粉的近似型组成的带有中式图案的靠枕，增添了中式韵味。

对比型

对比色多为红蓝、黄蓝、红绿对比，与红色、黄色一样，同样取自古典皇家住宅，在主要配色中加入一组对比色，能够活跃空间的氛围。这里的彩色明度不宜过高，纯色调、明色调或浊色调均可。对比色如果放在白色等浅色背景上，对比感就会强一些，如果放在棕色等深色上就会弱一些。

▲蓝色和红色都为低明度色调，但红色明度更低一些，拉开了差距，给白色为主的中式卧室增加层次感。

▲红色宫廷式台灯和蓝灰色寝具的搭配，为素雅的卧室空间增添了一点低调的活跃感和高贵感。

避免高纯度对比

低刺激的、柔和的对比色更符合新中式风格的意境，对比色如果选择浅色和深色组合，层次感会更丰富一些，如果采用近似色调，感觉会更稳定、统一些。

多彩色

选择红、黄、蓝、绿、紫之中两种以上色彩搭配，与乳白色、大地色、灰色、黑色等组合，效果是所有新中式配色中最具动感的一种。色调可淡雅、鲜艳、也可浓郁，但这些色彩之间最好拉开色调差。小空间多色适合做点缀使用，空间面积宽敞的时候可以选择 1~2 种彩色作为配角色。

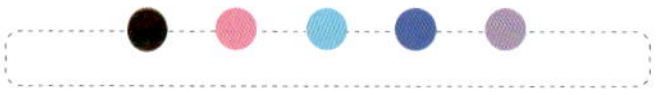

▶多彩色主要用在布艺上，柔和而丰富的色彩为素雅的居室增添了柔美而雅致的感觉。

配色 搭配秘籍

C0 M0 Y0 K0
C82 M78 Y74 K56
C29 M23 Y22 K0
C66 M72 Y82 K34

1. 温柔的米黄色作为主要色彩，搭配白色和中灰色，再点缀少量淡蓝色，体现出简欧风格配色设计的连续性和层次感，效果复古但不沉闷。

C0 M0 Y0 K0
C42 M44 Y50 K0
C25 M21 Y25 K0
C65 M78 Y81 K45
C47 M46 Y41 K0
C58 M46 Y27 K0

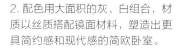

2. 配色用大面积的灰、白组合，材质以丝质搭配镜面材料，塑造出更具简约感和现代感的简欧卧室。

C0 M0 Y0 K0　C37 M36 Y40 K0
C50 M60 Y62 K2　C76 M48 Y87 K8

1. 棕色占据大面积使空间内古典氛围为主导，加入白色和绿色点缀，减轻了沉重感，让整体效果显得更舒适。

C9 M11 Y24 K0　C77 M77 Y85 K61
C46 M51 Y57 K0　C85 M81 Y40 K4
C43 M100 Y81 K8　C42 M32 Y30 K0

2. 将具有厚重感的暗棕色做主色，搭配墙面上的花格造型，展现出新中式风格稳重而质朴的一面。

C9 M10 Y14 K0
C56 M73 Y100 K27
C84 M50 Y60 K5
C24 M100 Y100 K0
C39 M0 Y13 K0
C58 M93 Y55 K12

C0 M0 Y0 K0
C21 M23 Y40 K0
C47 M24 Y8 K0
C7 M97 Y86 K0
C31 M85 Y100 K0
C52 M73 Y84 K16

1. 棕色、白色为主的配色能够渲染出具有朴素感的新中式卧室氛围，而三个丝绸靠枕让整个氛围活跃起来，但仍然具有高贵的感觉。

2. 固定的装饰部分采用大地色和米灰色组合，烘托古典的整体氛围，作为重点的床除了与整体呼应外，还加入了蓝色和红色的对比色，使卧室高贵、古典但又不失品质感。

C0 M0 Y0 K0
C21 M5 Y33 K0
C40 M27 Y28 K0
C49 M60 Y80 K8

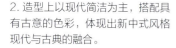

1. 淡绿色花鸟图案的壁纸，搭配清新的家具组合，赋予了新中式卧室清新、唯美的感觉。

C0 M0 Y0 K0
C14 M15 Y28 K0
C34 M28 Y24 K0
C74 M55 Y42 K0
C68 M70 Y67 K26
C100 M100 Y100 K100

2. 造型上以现代简洁为主，搭配具有古意的色彩，体现出新中式风格现代与古典的融合。

C0 M0 Y0 K0
C26 M42 Y65 K0
C49 M79 Y100 K18
C51 M89 Y100 K30
C8 M43 Y92 K0
C100 M100 Y100 K100

1. 少量黄色的加入，为厚重的中式卧室增添了一丝活跃感和尊贵的气质。

C0 M0 Y0 K0
C46 M66 Y96 K6
C18 M24 Y30 K0
C54 M58 Y32 K0

2. 以白色和棕色穿插为主，点缀少量深紫色和淡米色，色彩设计文雅而内敛。

地中海风·自由而奔放的居住体验

地中海风格的色彩设计自由奔放、非常丰富，具有纯美、明亮、大胆、简单的特点，以及明显的民族性和显著的特色。塑造地中海风格配色往往不需要太大的技巧，只要保持简单的意念，捕捉光线、取材大自然，大胆而自由地运用色彩、样式即可。

蓝色 + 白色 + 米色

蓝色是大海的颜色，也是地中海风格的代表色之一，蓝色和白色的配色组合源自于希腊的白色房屋和蓝色大海，具有纯净、清新的美感，是应用最广泛的地中海配色。白色与蓝色组合的软装犹如大海与沙滩，源自于自然界的配色使人感觉非常协调、舒适，为了避免过于冷清，多数人在设计时会加入一些米色做调节。

◀湖蓝色具有清澈而纯美的感觉，搭配白色和米灰色，清新而不冷清。

◀白色和深浅不同的蓝色组合，加入一些浅米色，纯净而不失舒适感。

地中海卧室的蓝色基本没有限制

对于地中海风格的卧室来说，与白色组合的蓝色各种色调都适合，使用的时候可以根据房间的面积来选择色调，浅色大面积使用或深色做点缀适合小房间，如果房间面积大基本没有使用限制。

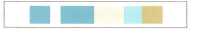

蓝色 + 对比色

用蓝色搭配黄色、红色等，配色方式源于大海与阳光，视觉效果活泼、欢快。最常见的是蓝色和黄色的组合方式。在设计时，可用蓝色作重点墙面的背景色或作为主角色，其余部分搭配白色或米色，黄色或红色做点缀；也可将蓝色作为主角色，将黄色用在墙面上，而红色在地中海风格中不太适合大面积在墙面使用。

▲浓色调的黄色用在墙面上，用一幅田野风手绘墙画做主题墙，再搭配白色的家具，使人犹如阳光照射的田野上那么惬意、快乐。

蓝色 + 白色 / 米色 + 绿色

在蓝色和白色 / 米色的组合中，加入与蓝色为近似型的绿色丰富层次感，此种色彩组合方式源于大海、沙滩与岸边的绿色植物，给人自然、惬意的感觉，犹如拂面的海风般舒畅，比单独的蓝、白配色感觉更开放一些。

绿色不宜过于鲜艳

自然界中的绿色多为柔和的色调，例如浅绿色、墨绿色、草绿色等，基本看不到过于鲜艳的颜色。地中海风格的卧室配色源于自然界，所以不太适合采用过于鲜艳的绿色，会让人感觉不协调。

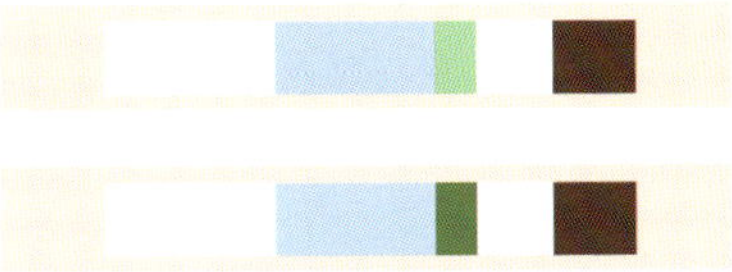

◀白色和米色结合装饰固定界面，搭配白色的家具以及淡雅色调的蓝色和绿色，清新、纯净。

蓝色 + 白色 + 大地色

大地色搭配蓝色和白色，是将两种典型的地中海代表色相融合，兼具亲切感和清新感。配色时，追求清新中带有稳重的感觉，可将蓝色搭配白色作为主色；若追求亲切中带有清新的感觉，可将大地色作为主色，用在墙面和地面上，蓝色和白色可用在家具上。

▲将大地色、白色和蓝色穿插使用，大地色主要用在墙面和地面上，浩瀚而又有一点清新感。

▲白色和蓝色穿插组合作大面积色彩，大地色用在家具上，点缀少量红色，效果爽朗。

蓝色 + 白色 + 多彩色

此种地中海风格卧室配色仍然是以蓝色和白色组合做基础，点缀色增加数量，使用较多的彩色，如同时使用黄色、红色、绿色等，是比较具有活力感的地中海配色方式。需要注意的是，这些彩色的色调不宜太刺激，应自然一些。

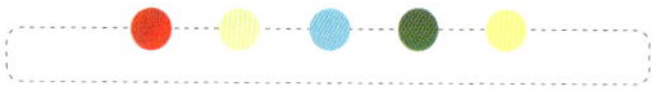

▲大面积的色彩选择具有代表性的蓝色、白色和米色，点缀数量较多的彩色，具有地中海韵味也符合儿童年龄特征。

大地色组合

土黄色或者土红色是大地色系中在地中海风格使用较多的色彩，扩展来说还有旧白色、蜂蜜色等，此类色彩源于北非特有的沙漠、岩石、泥土等天然景观的颜色，装饰效果具有亲切感和土地的浩瀚感，也属于具有代表性的风格色彩。

▲以棕红色、米灰等轻重穿插，即使空间不大，也不会因为重色而显得拥挤，反而具有丰富的层次。

▲温馨的基调中，加入带有典型地中海特征的红褐色拱形木质家具，既能够凸显风格又不会影响空间感。

大地色的使用面积宜结合面积

面积宽敞、采光好的卧室，可以大面积地使用大地色来表现地中海风的厚重感。

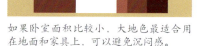

如果卧室面积比较小，大地色最适合用在地面和家具上，可以避免沉闷感。

大地色 + 多彩色

大地色系同时搭配红色、黄色、橙色等暖色系色彩及蓝色、绿色之中的几种，这些色彩的明度和纯度低于纯色，会更容易获得协调的效果，视觉上会感觉更舒适。

◀自然感的墙面配色搭配以大地色为主的多彩色寝具，给人以浩瀚、厚重而不乏温馨的感觉。

◀蓝色和白色组合用在顶面和墙面上，塑造宽敞感，大地色的家具和七彩的寝具是塑造地中海风的点睛之笔。

彩色的色调和位置很重要

用大地色与多彩色组合时，在其他部分色彩相同的情况下，彩色的色调能够影响整体氛围，如果与大地色的色调相差较大，就显得活泼一些，如果相差不大，能够增添层次感的同时不会对整体影响太大。除此之外，主墙面是大地色还是彩色，也会有不同的效果。

土红色为背景色，整体感觉会更厚重、浩瀚而辽阔。

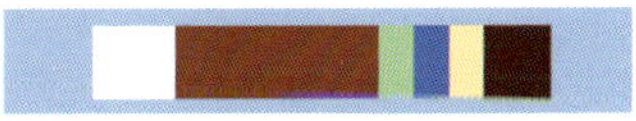

淡蓝色为背景色，整体感觉更轻盈、柔和一些。

蓝紫色

蓝紫色是源自于地中海沿岸南法地区的薰衣草田颜色，它介于蓝色和紫色之间，融合了清新感和浪漫感，在使用时多取代蓝色与白色做组合，也可以加入一些淡米黄色或米色调节层次。蓝紫色在这里色调多为浅色或浓色，很少使用过于具有神秘感的暗色。

▲柔和色调的蓝紫色、米色和蓝色为主，搭配粉色、绿色、红色等，塑造出具有浪漫感的地中海卧室氛围。

配色 搭配秘籍

C0 M0 Y0 K0
C83 M78 Y46 K9
C83 M80 Y59 K32
C51 M55 Y71 K2

1. 经典的蓝白组合，展现出地中海风格清新、凉爽的特点。

C0 M0 Y0 K0
C69 M0 Y27 K0
C18 M13 Y13 K0
C82 M39 Y33 K0
C77 M52 Y31 K0
C42 M11 Y72 K0

2. 不同明度的蓝色搭配白色和米色，清新而又不乏柔和感。

C0 M0 Y0 K0
C6 M17 Y28 K0
C72 M42 Y37 K0
C32 M16 Y6 K0
C18 M9 Y22 K0
C30 M36 Y56 K0

1. 以米色和白色结合作为主色，搭配深蓝色床和带有淡蓝色的床单，清爽但不冷清。

C0 M0 Y0 K0
C19 M29 Y41 K0
C47 M24 Y8 K0

2. 作为背景色的几种色彩组合起来塑造出非常温馨而柔和的整体感，仅在主角色部分使用蓝色，增添了一些海洋的清新感，虽然是冷色，但柔和的色调与背景墙搭配非常协调。

C0 M0 Y0 K0
C24 M100 Y100 K0
C97 M87 Y48 K15
C54 M78 Y100 K29

1. 白色为主的环境中，搭配红色和蓝色组合的布艺，赋予了地中海卧室以极强的活泼感。

C0 M0 Y0 K0
C57 M72 Y100 K27
C68 M64 Y71 K22
C96 M91 Y53 K27
C85 M70 Y16 K0
C67 M47 Y15 K0

2. 厚重的棕色木质搭配白色和蓝色组合的床品，质朴而又清新。

C0 M0 Y0 K0
C5 M5 Y26 K0
C51 M38 Y30 K0
C46 M8 Y15 K0
C58 M47 Y44 K0
C26 M34 Y47 K0

1. 以白色、米黄色和蓝色搭配塑造具有清新感的地中海氛围，所有配色的色调都非常接近，给人柔和、稳定的感觉。

C0 M0 Y0 K0
C9 M12 Y38 K0
C82 M44 Y24 K0
C30 M73 Y90 K0
C51 M29 Y35 K0
C37 M45 Y78 K0

2. 纯美的色彩组合搭配具有代表性的地中海拱形造型，让人感受到地中海风格自由、奔放的特点。

- **复古蓝** 演绎法式雅致、高贵
- **玫瑰金** 装点出低调奢华居室
- **深与浅的跳跃** 深棕与白的变奏交响曲
- **纯净白** 演绎新古典的柔雅气氛
- **灰与白** 展现简约美
- **鲜嫩黄绿色** 展现充满希望的单身居所
- **粉与绿** 花团锦簇的浪漫满屋
- **绿与棕** 热带丛林里的自由嬉戏

Chapter 4

实景案例——
呈现难以抵挡的
“视觉诱惑”

C96 M90 Y21 K0

C45 M50 Y77 K0

C50 M80 Y100 K23

C79 M33 Y23 K0

「复古蓝 演绎法式雅致、高贵」

蓝色是最冷的色彩，给人非常纯净、广阔的感觉，多数情况下蓝色都具有一种冷静而理智的美丽，但蓝色也可以具有高贵的感觉。将蓝色与大地色系中的深茶色组合，将宽广与厚重想融合、叠加，能够让蓝色焕发出新的生命，使人感受到雅致而高贵的气质。

解析：这是三个不同风格的卧室，但仍然具有一定的联系，这个联系的媒介就是色彩。将蓝色和大地色的组合作为色彩设计的基础，不同明度的茶色用在固定界面上，例如墙面、地面，蓝色或作为主角色或作为点缀色与其组合，在使用部位和搭配色彩上略作变化，虽然两者属于对比色，但大面积的部分选择了近似色调，给人大气、稳定中略有变化的感觉，而后根据卧室居住者的不同搭配不同色彩。虽然大部分为浊色调或深色调，但白色的加入以及同色相内不同明度的调节，使整体层次很丰富。

1. 主卧中浓蓝色的床与淡蓝色和灰蓝色组合的寝具形成明度对比。

2. 窗帘上的配色与中心部分配色呼应，用重复形式形成统一感。

1. 次卧中仍采用大地色，因面积小所以色彩明度略高，与主卧呼应。

2. 蓝色作为点缀色与白色搭配，清新而明快，弱化大地色的厚重感。

3. 地毯和窗帘也使用蓝色，与床品上的蓝色形成重复性融合。

4. 女儿房中尽在地面使用大地色，呼应整体色调。

5. 将蓝色和大地色组合的蓝色换成了绿色，搭配女性喜爱的粉色，更柔美。

玫瑰金 装点出低调奢华居室

玫瑰金是亮丽的粉红玫瑰色彩，属于金色的一种，是近年来的流行色，它比起经典的黄金色来讲，更年轻、更时尚。将玫瑰金作为联系的纽带，将其用在一个户型中的不同卧室中，分别与大地色、白色、粉色组合，塑造出兼具浪漫感和低调奢华感的多元化气质家居。

解析： 本案的设计师用玫瑰金色，为复古风格注入了浪漫和时尚的新脉络。主要使用方式是将其用在墙面上，根据卧室面积以及使用者的年龄，搭配大地色、粉色或蓝色，在整体中制造一些变化，体现出以人为本的设计理念。每个空间中，都会使用一些白色，它为居室中多种明度组合的配色提供了凝聚力，虽然层次多，但并不让人感觉混乱。

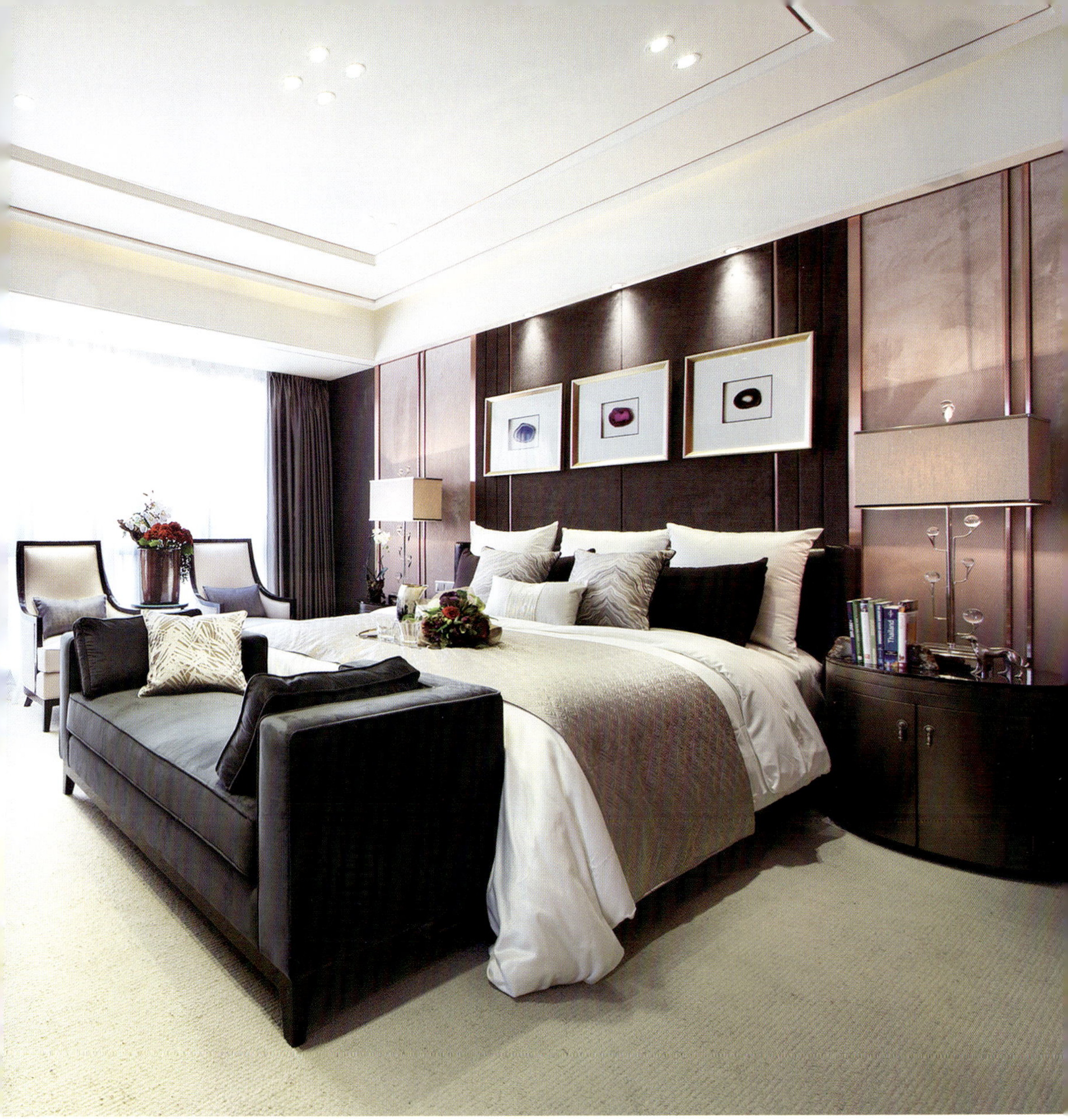

C24 M58 Y40 K0

C0 M0 Y0 K0

C63 M84 Y100 K56

C23 M25 Y70 K0

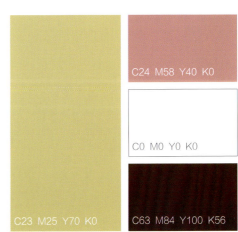

1. 玫瑰金用金属材料呈现，复古而又浪漫奢华。

2. 由于卧室面积小，在呼应主卧配色的同时，采用明度更高的茶色与玫瑰金组合。

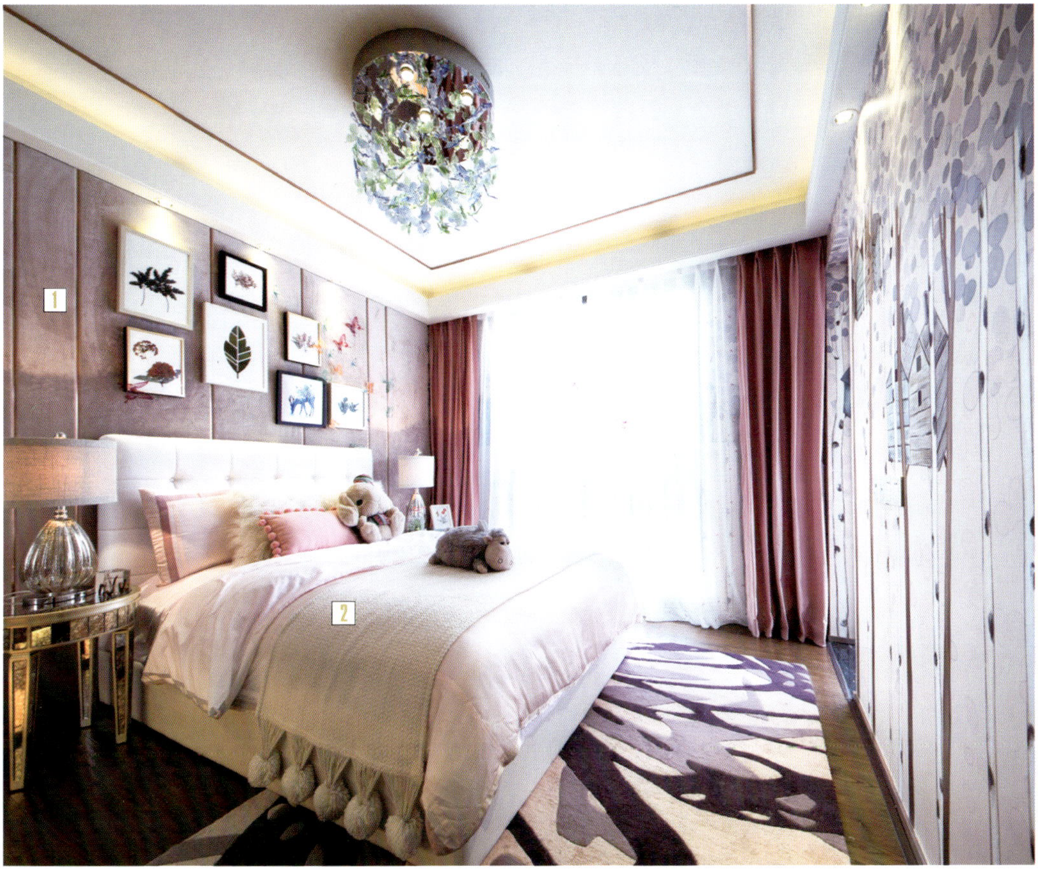

1. 玫瑰金与近似型的浊色调粉色组合，渲染浪漫、甜美的氛围。

2. 用白色和淡粉色的组合搭配墙面，增添了纯真的韵味。

3. 男孩房中，玫瑰金用量最少，与浅米黄搭配，塑造柔和的基调。

4. 用蓝灰色装饰其余墙面，并搭配白色为主的寝具，符合男孩喜好。

C71 M84 Y98 K65

C0 M0 Y0 K0

C13 M12 Y26 K0

C53 M19 Y24 K0

深与浅的跳跃

深棕与白的变奏交响曲

深棕色在色彩学上的名称是深褐色，是源于土地的色彩，浩瀚、厚重，具有稳重而亲切的感觉，它是流行界的常青树，在家装运用上，基本上所有的家居风格中都有它的身影。这里用它组合白色或灰色的变奏方式，加入一些绿色和蓝色，来表现具有素雅感的自然风情居所。

解析：这套配色方案中将深棕色作为各个卧室之间的纽带，或作为点缀色与白色搭配，或作为背景色、辅助色与浅灰色搭配，而这之中或多或少的都与淡蓝色结合在一起，给人一种浩瀚而高远的站在田野中遥望蓝天的感觉。为了避免单调和沉闷，厚重的色彩会通过各种线条制造层次感，再搭配一些其他彩色的、小面积的靠枕等，让整体更丰富。

1. 卧室面积比较宽敞，主要家具都使用了深棕色木质，并将这种材料延续到了顶面和地面上。

2. 淡灰色的墙面与深棕色搭配，比搭配白色更素雅也更柔和。

3. 地面加入一块绿色地毯，呼应另一个卧室的配色方式，但略作明度变化。

4. 不同层次的蓝色用在布艺上，增加一点高远、宁静的感觉。

1. 淡灰色墙面，与主卧呼应，由于卧室面积没有主卧宽敞，深棕色多为线条造型。

2. 仍然采用蓝色和绿色组合与深棕色搭配，与另外两间卧室呼应，使整个家居设计更整体。

C0 M0 Y0 K0

C45 M50 Y77 K0

C56 M83 Y100 K36

C13 M12 Y16 K0

纯净白 演绎新古典的柔雅气氛

白色是明度最高、最纯净的色彩，它最然最直白，但也可以很温柔。将白色作为主角色，与柔和的米色系组合，加入部分深棕色，搭配提炼后的古典造型，就可以完美地演绎出温柔、雅致的气氛。这种组合方式非常耐看，回味悠长，经得起时间的考验。

解析：此案例中每个房间中的色彩数量都不多，多围绕着大地色、白色或与白色明度接近的米色，整体给人以柔和、内敛的感受。硬装造型上比较简洁，没有复杂的欧式造型，而是用丰富的材质制造层次感，与少数的配色方式组合非常协调。主要的家具——床都采用白色，而后与白色临近的色彩明度都与其接近，再组合明度低的色彩，做层级式的渐变，避免过于强烈的对比。大地色系对增加空间的复古感作用明显，所以出现在墙面或地面上。

1. 白色靠枕、床单、台灯，组合一点低调变化明度变化的色彩，而后再搭配棕色，弱化了对比感，更柔和。

2. 棕色采用丝质闪光材质，在灯光的照射下，增添了轻盈感和品质感。

1. 选择了白色为主带有棕色边框的寝具，搭配米色与淡绿色组合的墙面，比前两个卧室感觉更细腻。

2. 地面仍使用了红棕色的地板，与家居整体呼应，也让配色更具稳定感。

3. 基本色彩组合方式与前一个卧室的重复率较高，不同的是床的颜色换成了墙面的淡绿色，更清新一点。

灰与白 展现简约美

灰色是具有强烈人造感的色彩，在都市中，随处可以见到的楼房本质就是灰色的水泥材料，在看到灰色的时候人们首先能够联想到的是都市的、抑制感的，奇妙的是，虽然是属于无彩色，但灰色的明度变化仍然可以带动情感变化，这里使用以灰色为主色，搭配不同色彩，表现简约而现代的卧室、书房色彩设计。

解析：非常简约的三个空间，硬装的痕迹很淡，主要依靠色彩和软装来装点。墙面部分大面积的色彩为浅灰色，而后根据居住者的不同，分别搭配深灰、白、嫩绿等，使整体简约、利落。这样的空间中不适合摆放太多的软装，在有限的数量下，家具多为白色，与灰色的墙面搭配，而点缀色结合居住者的性格选择红、粉、黄、黑等，虽然数量极少，但在素净的环境中却特别突出，为居住空间注入活力。

C0 M0 Y0 K35

C0 M0 Y0 K0

C0 M0 Y0 K100

C76 M76 Y93 K62

1. 卧室墙面全部使用灰色，搭配黑色床和深米黄寝具，简约而具有力度感。

2. 墙面唯一的装饰画，鲜艳的配色为素净的空间注入了活力。

1. 以柜体把书房空间分割成读书区域和休息区，令空间更具实用性。

2. 主题墙采用嫩绿色，具有春意盎然的感觉。

3. 家具以白色为主，增添了整洁而纯净的韵味。

4. 灰色墙面与绿色墙面相呼应，令空间更显静谧。

C36 M9 Y79 K0

C0 M0 Y0 K0

C50 M83 Y100 K23

C29 M23 Y22 K0

鲜嫩黄绿色
展现充满希望的单身居所

嫩绿色是调和的色彩，实在绿色中加入了少量的黄色而形成的色彩，所以兼具绿色和一点黄色的特点，色彩纯度较高，是一种比较适合人类眼睛的明度，很容易被人接受。它象征新鲜、活力是充满希望的色彩，代表着年轻和希望，将其与白色、浅棕色搭配，具有春意盎然的感觉。

解析：这是一个小型的单身居所，整体是一个开敞式空间，面积并不大，所以没办法容纳太多造型，主要依靠色彩来装饰。业主的年龄比较年轻，设计师选择用嫩绿色作为背景墙一侧的主色，意在凸显出居住者的年龄特点，以及烘托充满希望的、让人愉悦的氛围。其他墙面及部分家具采用白色，与绿色组合具有明快、清新的感觉，地面用棕色木质地板，与绿色墙面搭配犹如绿叶与大地，是最自然、舒适的组合。

1. 嫩绿色的主题墙，搭配白色家具，具有简洁美，氛围清新而又愉悦。

2. 沙发选择了浅灰色，嫩绿色带有了成人的痕迹。

3. 棕色地面的居室内明度最低，与白色顶面具有高明度差，可提刀高度。

4. 红白色的装饰画，为空间注入了一点活力感和青春感。

C37 M97 Y45 K0

C0 M0 Y0 K0

C80 M39 Y87 K1

C56 M63 Y100 K15

粉与绿

花团锦簇的浪漫满屋

粉色与爱情和浪漫有关，它是非常时尚的一种色彩，在通常情况下，粉色都是女性的色彩，但在街拍或秀场甚至是生活中，很多时尚的男士也会选择粉色来装扮自己。如果居住者的年龄不大，夫妇的卧室使用粉色装扮也并不是一个悖论，本案设计师以粉色为主，搭配绿色、黑色和白色等，让浪漫满屋。

解析：当粉红色与绿色和大地色组合，就如同绽放在土地上的粉色花朵，让人感觉充满了浪漫和生命力。采用这样的配色方式搭配手绘花朵图案以及木质材料，让人站在卧室中就犹如置身于花海之中，嗅着淡淡的花香，沉醉在美丽的景致中。用最经典简约的黑白配床品放在花朵墙面前方，不仅增加了色彩的层次变化，也平衡墙面的层次，让空间整体更平衡，不仅浪漫且主次分明，具有艺术气息。

KEEP
CALM
AND
CARRY

1

1. 墙面图案无论配色还是线条都已经非常复杂，容纳不下更复杂的造型，因此床选择了简洁的黑白配。

2. 女儿房中依旧将花朵图案放在墙面上，但粉色不再是主色，而以白色为主，并加入了蓝色、黄色等，更纯真。

3. 抽象派的墙绘，以深粉色为底色，加入不同明度的绿色、浅粉色、黑色等，绘制繁花盛开的景致。

绿与棕 热带丛林里的自由嬉戏

热带雨林中的色彩丰富而瑰丽，充满着神秘感，不可缺少的会有一些比较艳丽突出的花朵，但更多的是如泥土、高大的树木、扭曲的老藤等明度低但具有磅礴生命力的事物，其中绿色是永恒的主题。将具有异域风情的雨林色彩用硬装以及软装的搭配运用在卧室中，犹如在雨林中自由的嬉戏。

解析：此案例虽然色彩的层次非常丰富，但硬装却非常少，在墙面上舍弃造型，而是用定制的雨林图案的壁纸布满墙面，地面搭配浅棕色的木质地板，烘托出雨林的整体氛围。固定装饰的色彩已经非常丰富，软装无须再添加其他类型的色彩，而是选取了部分墙面色彩，加入少量白色调节，使整个卧室丰满但不凌乱。无论是以绿色和棕色为主的配色，还是麻绳、木质等自然类的材料，都以凸显出野外磅礴而浓郁的生命力为目的。而一些小的装饰例如猴子、带有卡通鸟图案的靠枕等，赋予了空间以童趣和生命力。

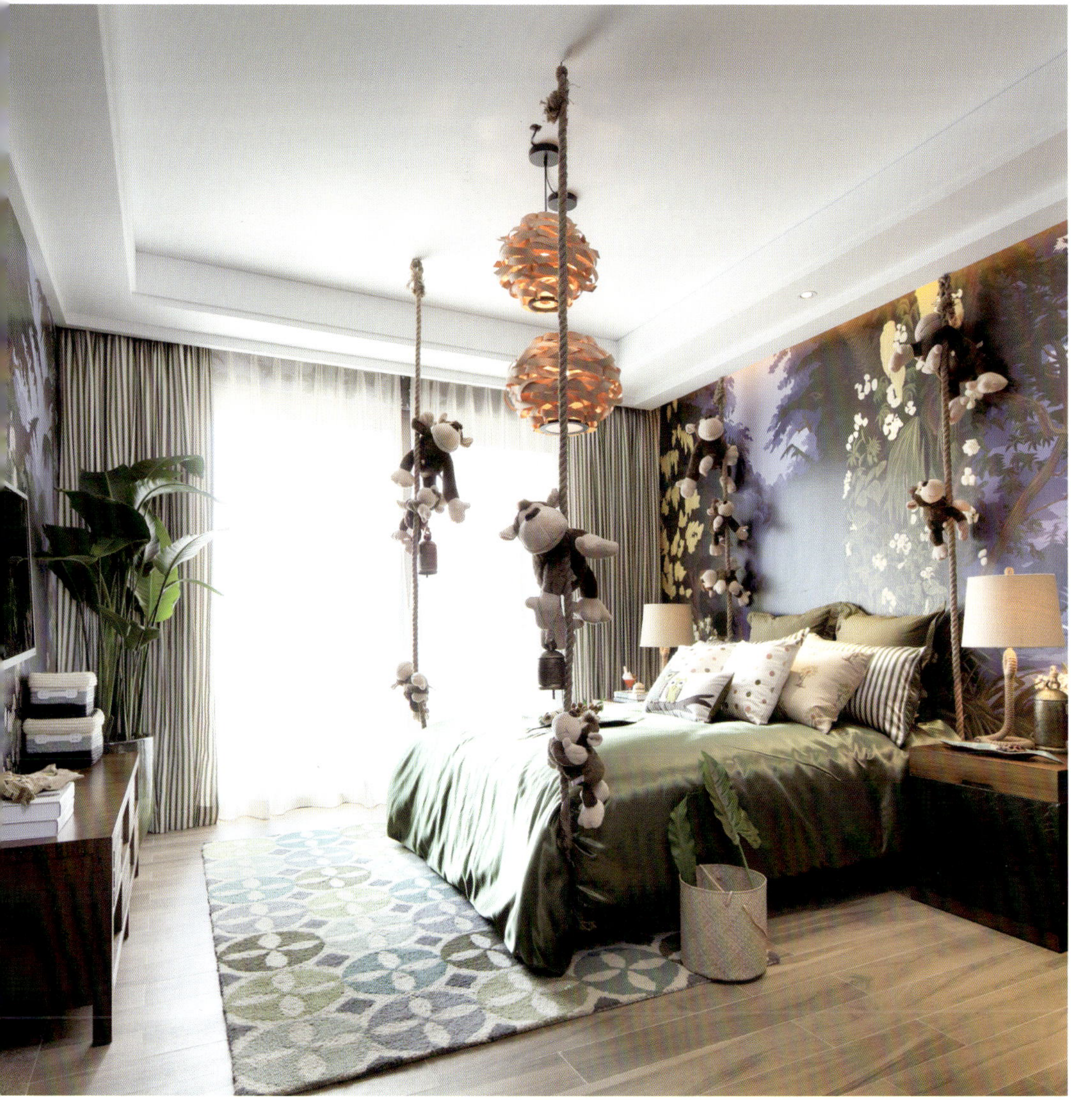

C74 M41 Y100 K2

C0 M0 Y0 K0

C43 M69 Y100 K5

C11 M7 Y61 K0

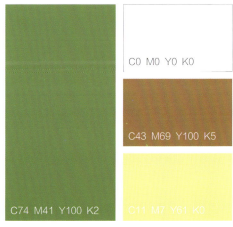

1. 绿色为主的床品，与墙面绿色呼应，光滑的质感与麻布靠枕形成对比。

2. 低彩度的墙面和寝具之间，加入明度较高的白色靠枕，能够避免单调和沉闷。